JN309286

"疑問"に即座に答える

算数数学 数学 学習小事典

仲田紀夫 著

疑問に思ったら すぐに 調べよう

黎明書房

まえがき

用語の必要 "学問での用語"は，物質を作る分子のようなもので1つ，2つが不明でも，直接困るというものではないが，全体内容を正確に把握し，理解するためには，1語でもあいまいなままにすると，後でその1語のために行き詰まることが多いものである。

「マア，いいや」「あとで調べよう」という態度は"よくない学習姿勢"といえるので心しよう。

手近でチェック こうした欠点を補う一番良い方法は，手近に「事(辞)典」を置くことで，疑問に思ったときや不明のことがあったとき，ただちに開き，その場で理解，納得しておくことが大切である。"すぐ調べて確認！"これが良い前進方法であり，望ましい学習態度である。

文脈を読む 用語には，名詞系と動詞系があるが，文の中の流れで用いられる場合は，「その前後との関連」を考えることが必要である。いま，数学上でこの二者の例をあげると，

  名詞系──因数，円周角，比の値，最大値，仮定，連立方程式，……

  動詞系──解く，消去する，2乗に比例する，同様に確からしい，……

いずれについても，その用語がどのような文脈の中で使われているかも知る必要がある。

新数学の用語 教科書の内容は，17世紀以前が主体になっているが，18，19世紀の革命的発展や20世紀のコンピュータの開発により，カタカナ数学での用語が大量にふえている。本書では，将来のことも考え，これらについても解説してあり，新感覚の養成に努めた。

歴史も重視 一方，用語にはそれぞれ誕生のいわれや歴史があり，それを学ぶことも用語を正確に理解し，使用する力になる。この考えで，各用語のもつ語源や関連事項についてもふれている。

2009年10月11日

著 者

本書の特徴と使用法

1　用語の配列
本書では学校数学（一般教科書）の内容配列を参考にして，右のような流れをとっている。したがって使いやすい。

2　扱っている用語
教科書内のゴチック用語や巻末の索引にある用語はもちろん，著者の60余年間にわたる授業，講義，講演などで用いた用語，つまり小学校〜大学の数学用語を取り上げた。

これにより，読者は未知の用語に対する知識も得られる。

3　索引の充実
もし，ある用語について知りたい，調べたいと思っても，「どの領域にあるのかわからない」ということが多いものである。

このときのために，巻末に索引を設けてあるので，それを利用していただきたい。

> **本書の流れ**
>
> 1　数量編（代数系）
> 　＊比，関数を含む。
> 2　図形編（幾何系）
> 　＊論理を含む。
> 3　統計・確率
> 　＊推計学，保険学を含む。
> 4　微分学・積分学
> 　＊級数を含む。
> 5　カタカナ数学
> 　＊コンピュータを含む。
> 補　日本の数学
> 　余談，参考資料
> 　問の解答，付録
> 　索引，他

4　随所に適切な質問（問題）
学習は受身では不十分で，適時，関連問題で知識を定着させることが必要なので，「ここぞ！」という箇所には（問）の項を設け，挑戦してもらうことにしてある。

5　興味深い 余談 のページ
「事(辞)典」の性格上，章末や項変えで余白部分が生じることがある。ここを有効，適切に生かすため，関連余談（読み物）を設けた。秘話やトピックなどを通し，広い知識を得ていただくと同時に気分転換の場としている。

目次

まえがき 1
本書の特徴と使用法 2

I 数字・数・量 ― 5
1. 性質・名称 5
2. 演算・計算 9
3. 計量と測定 13
4. 数の遊戯・パズル 14

II 数式・文字式 ― 16
1. 文章題 16
2. 式・公式 19
3. 等式・方程式 21
4. 不等式 23

III 比・比例 ― 24
1. 比 24
2. 連比 24
3. 比例 27

IV 関数 ― 28
1. 集合と対応 28
2. 整関数 29
3. 色々な関数 31

V 基礎図形 ― 34
1. 開いた図形 34
2. 閉じた図形 35
3. 作図法 40
4. 平面と立体 42
5. 求積法 43

6. 図的表現 45
7. 図形の変換 46

VI 色々な幾何学 ― 49
1. ユークリッド幾何学 49
2. 座標幾何学 51
3. 画法幾何学・射影幾何学 53
4. 位相幾何学 55

VII 論理 ― 58
1. 説明と証明 58
2. 推理 59
3. 直接証明 60
4. 間接証明 61
5. 逆説・詭弁 63

VIII 統計学 ― 67
1. 「数の表」から統計 67
2. グラフの活用 69
3. 資料の解釈・判断 70
4. 相関関係 71
5. 統計学の社会的利用 72

IX 確率論 ― 73
1. 確率の誕生 73
2. 場合の数 73
3. 確率と確からしさ 74
4. 期待値 75
5. 確率の加法・乗法定理 76
6. 確率雑話 77

X 推計学と保険学 ― 78
1. 協力学の誕生 78
2. 推計学 78

3　母集団と標本　80
　　4　保険学　80
XI　微分学・積分学 ―――― 81
　　1　両学問の誕生　81
　　2　級数　82
　　3　微分法　84
　　4　積分法　86
XII　ベクトルと行列 ―――― 88
　　1　ベクトルと行列　88
　　2　用語と記号　88
　　3　行列の計算　89
XIII　カタカナ数学 ―――― 90
　　1　外国起源の数学用語　90
　　2　20世紀誕生の"新数学"　90
　　（1）オペレーションズ・リサーチ　90
　　（2）カタストロフィー　93
　　（3）フラクタル　93
　　（4）カオス　94
　　（5）ファジー　94
XIV　数学略史 ―――― 95
　　1　中・高校登場の数学者　95
　　2　古代数学と特徴　95
　　3　代数・幾何の共存民族　96
　　4　大航海時代の計算術　97
　　5　反数学の誕生　97
補　日本の数学 ―――― 100
　　1　奈良時代の数学　100
　　2　平安・鎌倉時代の数学　100

　　3　室町時代の数学　100
　　4　江戸時代の数学　100
　　（1）和算書　100
　　（2）和算家の生活　100
　　（3）和算発展の三大特徴　101
　　（4）和算の衰退　101
追記　正・負の数と計算 ―――― 102
　　1　定義と符号　102
　　2　四則計算　102

余談　一覧表 ――――
大小のない数「虚数」i　8
ネピア・ロッド　10
9の特別な性質　12
『徒然草』内のパズル　15
記号的代数まで　20
火災方程式というもの　22
線形計画法　23
黄金比・白金比と図形　25
三角法（比）の歴史　33
五星芒形物語　36
日食と月食　38
正十二面体の発見物語　39
旅客機墜落の解明　47
フランス三大幾何学者と戦争　54
ユークリッド幾何学とトポロジー　57
ゲルマン系とラテン系　81
愛宕神社奉額事件　101

参考資料　103　　問の解答　115
付録　119　　索引　126
『数学』を『万手学(まてがく)』に改称する提案　142
あとがき　145

I　数字・数・量

1　性質・名称

数詞　ものの個数や順序などの呼び名のことで，民族・国家で色々異なる。わが国では，古代からのものに「ひい，ふう，み，…」があり，中国伝来のものに「イチ，ニ，サン，…」がある。ときに10までの数え方として，「ダルマサンガコロンダ」がある。右は諸外国の例。

	1	2	3	…
中　国	イー	アル	サン	
イギリス	ワン	トゥ	スリー	
ド イ ツ	アイン	ツヴァイ	ドライ	
フランス	アン	ドゥ	トゥロワ	

（注）魚市場，青物市場などでは，"符丁"という数詞の呼び方もある。

民族と数字　数詞を記号化したものが"数字"で，これを組み合わせたりして作ったものが，"数"である。これは古代民族が，右のようにある根拠にもとづいて作ったものである。

シュメールの粘土板に葦の茎の先を削ったペンを押した楔形数字，エジプトの象形数字，ギリシアの数詞

国＼算用数字	1	2	3	4	5	10	50	100	500	1000
シュメール(バビロニア)	Y	YY	YYY	YYYY	YYYYY	◁	◁◁◁◁◁	YYY	◁◁◁◁◁	◁
エジプト	∣	∣∣	∣∣∣	∣∣∣∣	∣∣∣∣∣	∩	∩∩∩∩∩	૭	૭૭૭	૪
ギリシア	Ι	ΙΙ	ΙΙΙ	ΙΙΙΙ	Γ	Δ	ᕍ	Η	ᕟ	Χ
ローマ	I	II	III	IV	V	X	L	C	D	M
中国	一	二	三	四	五	十	五十	百	五百	千
マヤ	●	●●	●●●	●●●●	―	⚌				

〔参考〕エジプト数字は，∣(棒)，∩(腕)，૭(縄)などの測量具，𝌮(蓮の花)，𝍀(パピルスの芽)，𝍁(オタマジャクシ)などの春のナイル河の動植物から来ている。

の頭文字など，各種あるが，全て「刻み」方式が共通している。

数字と数　一般には「時刻と時間」のように区別して使用されていないが，例えば3，6，5は数字(基数)，これから作られる365は数である。後で紹介する『九去法』(P.12)などでは，数字と数の区別が大切となる。

n進法　個数など数えるのに，「いくつで1まとめにするか」が問題になる。主な方法として，2進法，5進法，10進法，12進法，24進法，そして60進法などがある。コンピュータ系では，2進法，8進法，16進法などが用いられている。

記数法 数字をもとにして，大きな数などを記す方法のことで，大きくわけて，次の2種類がある。ただし，計算上のこともあり，後者が主である。
○**桁記号記数法**（単位記数法）──古代民族の桁ごとに数字が違う刻み方式のもの。（新数字が必要）　（例）ローマ数字：XI→11，CIV→104，M→1000
○**位取り記数法**（位置記数法）──**0**を用いた現代の算用数字によるもの。

古代エジプト人はあまり大きな数を必要としなかったこと，加減計算が楽なことなどで，桁記号方式によったが，文明が進むと後者のソロバン型の方が有用かつ，乗除計算に優れているので，現代社会はこれによっている。0はインドの発見。

（注）古代ギリシア・ローマでは計算のために『**アバクス**』（P.10）を考案し，使用した。

> エジプトの"千万"

大・小の呼び名　人類の文化，文明が進むと，大きな数や小さな数が必要とされ，その名や記号が誕生してくる。インドの命数法では，

大きな数──那由他（10^{60}），不可思議（10^{64}），無量大数（10^{68}）

小さい数──空（10^{-21}），清（10^{-22}），浄（10^{-23}）などがある。（参考資料へ）

数につけられた名　数の基本は**1**で，あとこれに次々と1を加えて作り，これで無限の数が誕生している。これは**自然数**（正の整数）と呼ばれるが，この平凡な数の集まりに対して，その性質から，色々な名称が付いている。

偶数──2で割って割り切れる（整除）数。　**奇数**──2で割って1余る数。

素数──1と自分以外に約数をもたない数。**非素数**（合成数）──素数でない数。

（注）1は素数でも非素数でもない。

不足数──約数の和が自分より小さい数。（例）　$8 > 1 + 2 + 4$

完全数──約数の和が自分と同じ数。（例）　$6 = 1 + 2 + 3$

過剰数──約数の和が自分より大きい数。（例）　$12 < 1 + 2 + 3 + 4 + 6$

親和数（友数）──2つの数で，互いの約数の和が相手の数になる。

　（例）220，284

三角数（**四角数**…）──数1を●として正三角形になる数列。

三角錐数（**四角錐数**…）──錐形（立体）になるもの。

〔参考〕以上の数の名称は，古代ギリシアの数学者ピタゴラス（紀元前5世紀）の『数論』にあるものである。

神の数　365の分解　$365 = 10^2 + 11^2 + 12^2 = 13^2 + 14^2$

聖なる数　36の分解　$36 = 1^2 \times 2^2 \times 3^2 = (1+2+3)^2$
　　　　　$= 1^3 + 2^3 + 3^3 = (1 \times 2 \times 3)^2$

ピタゴラス数　三平方の定理が成り立つ自然数の関係。　$3:4:5$, $5:12:13$, 他

ルドルフの数　円周率のこと。ルドルフはドイツの数学者で円周率の研究者。

シェヘラザード数　有名な物語『千一夜物語』の語り手の王妃の名。これから1001をいう。

暦のピラミッド
―メキシコのチチェン・イッツアにある―
$91^{段} \times 4^{面} + 1^{最上段} = 365^{段}$

数の種類　数については次のようになっている。

複素数 $(a+bi)$
- 実数
  - 有理数
    - 整数（正の整数（自然数）, 0, 負の整数）
    - 分数（真分数, 仮分数（帯分数））
  - 無理数 $(\sqrt{\ })$
- 虚数 (i)

☆小数（有限小数, 循環小数, 非循環小数）

数直線　直線に数を並べて作ったものを数直線という。これについて，

整　数——パラパラの並び（離散）
有理数——ギッシリ詰まる（稠密）
実　数——すき間がない（連続）

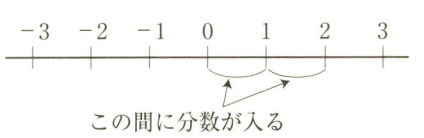

-3　-2　-1　0　1　2　3
この間に分数が入る

（注）可付無限番集合とはギッシリなのに順番が付けられるもの。大小は関係ない。

公約数・公倍数　2つ以上の正の整数に関する共通の性質のもので，公約数は，共通の約数（6と8なら1と2），公倍数は共通の倍数（3と5なら15の倍数）をいい，これには最大公約数（G.C.M.），最小公倍数（L.C.M.）がある。〔参考〕ユークリッドの**互除法**。143と385の最大公約数は右のようにして求める。

```
143  │ 385
 99 ×2│ 286
 44  │  99
 44 ×2│  88    G.C.M.11
  0 ×4│  11
```

数字の俳句，和歌　日本人は元来シャレの民族で，数字をただの数字とはみず，言語の1つと考えて，数字の俳句，和歌を作って楽しんでいた。右は，その代表的なものである。読んでみよう。また，各自挑戦してみよう。

八万三千八
四五六二
三二四八
四百八
六百四六
九三七七六

九六四一
兆百万の一
八七百三
（次ページ）

日常生活の中の "語呂"　語呂合わせ，というものが，日常的に楽しまれている。これについて考えてみよう。

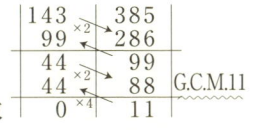

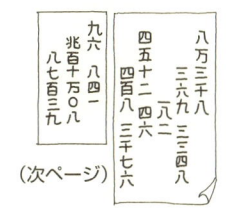

（電話番号）	（冠デー）			
① 4114	① 3月3日	⑥ 9月2日
② 4129	② 6月4日	⑦ 10月4日
③ 4500	③ 7月10日	⑧ 10月10日
④ 7830	④ 8月4日	⑨ 11月16日
⑤ 0983	⑤ 8月8日	⑩ 11月22日

（前ページの答）

山道は寒く淋しや一つ家に夜毎に白く霜や満ちなむ　頃弥生（三月）蝶も止まれば花も咲く

（問）上の電話番号は，どのような商店が用いているものか。
　　　また「冠デー」について，それぞれ何の日かを述べよ。

好かれる数，嫌われる数　日本では三，八が好かれ，四（死），九（苦）が嫌われる。西欧で有名なものが"13日の金曜日"の13である。ホテルや病院の部屋，航空機の座席など，番号を抜いていることさえある。中国，ギリシア，ゲルマン系の好きな数は8，9。一方，ラテン系では4，9，13，17が嫌われているという。世界的に好まれる数に7（ラッキーセブン）がある。

デジタル数字　コンピュータ系では，デジタル数字が使用されている。1～9までは次のように示される。

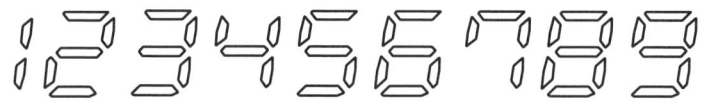

基本形

余談　大小のない数，「虚数」i（$\sqrt{-1}$）

ふつうの数，つまり実数では，大小があるが，"虚数の世界"では大小がない。その理由は，次のように説明される。

虚数iは，$i>0$，$i=0$，$i<0$のどれかであると仮定する。いま，

$i>0$とすると，$i^2>0$　よって　$-1>0$。これは不合理

$i=0$とすると，$i^2=0$　よって　$-1=0$。これは矛盾

$i<0$とすると，iは負の数なので平方すると不等号の向きが変わるので，
$$i^2>0 \text{。よって } -1>0 \text{　これは不合理}$$

以上のことから，iに大小はない。

（注）$2i$，$3i$など，数直線では"順序"はつけられるが，大小ではない。

2　演算・計算

演算と数の誕生　「演算」とは，calculation operation ということであり，四則や開平など，「ある一定の法則によって操作すること」である。

「**計算**」(calculation) は，「演算に従って結果を出すこと」で，簡単にいうと，
　　演算（命令）→計算（答を求める）
演算は広く，上のほかに絶対値，平均，G.C.M.，L.C.M.（P.7 参照），さらに図形の回転や微分・積分なども含まれる。

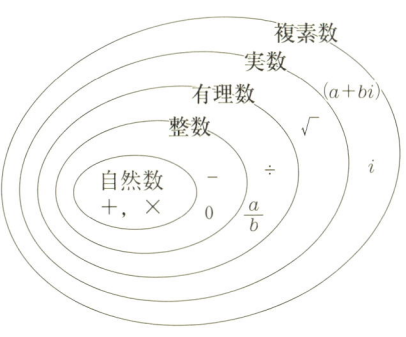

（注）さらに四元数 $a+bi+cj+dk$ があり，これは人工数という。（i, j, k は虚数単位）

上のベン図が示すように，新しい数の誕生は演算と深くかかわっている。
（注）ベン図はイギリスの数学者ベンが包含関係を示すものとして考案した図。

計算の順序　数式では，「基本的には左から右へ」という計算順序があるが，四則や括弧の入っている数式では，右のようなルールがある。それを無視すると，次の計算のように誤答になる。

$18 - 5 \times 3 = \underline{39}$　　$6 + 10 \div 2 = \underline{8}$

(1) 加減だけ乗除だけの式では，左から右へ行う。
(2) 四則混合のときは，乗除優先とする。
(3) （　），〔　〕，｜　｜—などがあるとき，これを優先する。

計算の三法則　数式を変形するには，法則に従う必要があり，これには右の三法則がある。

2つの数の加法，乗法は次ページ上のような積んだ形で計算をするが，理論的に右の三法則で計算すると，簡単にはいかない。（次ページ参照）

計算の三法則

加法の**交換法則**　　　乗法の**交換法則**
$a+b = b+a$　　　　　$a \times b = b \times a$
加法の**結合法則**　　　乗法の**結合法則**
$(a+b)+c = a+(b+c)$　$(a \times b) \times c = a \times (b \times c)$
分配法則
$a \times (b+c) = a \times b + a \times c$

（注）分配法則は $a(b+c) = ab+ac$ などのように，記号 × を省略する。

〔参考〕方程式の解法では，さらに8つの**基本性質**（P.108）によっている。

（例）24＋35 の計算

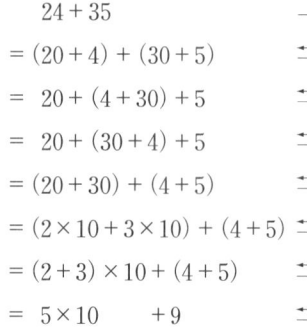

$$
\begin{aligned}
&24+35\\
&=(20+4)+(30+5) &&\text{展開記法}\\
&=20+(4+30)+5 &&\text{加法の結合法則}\\
&=20+(30+4)+5 &&\text{加法の交換法則}\\
&=(20+30)+(4+5) &&\text{加法の結合法則}\\
&=(2\times10+3\times10)+(4+5) &&\text{一部，展開記法}\\
&=(2+3)\times10+(4+5) &&\text{分配法則}\\
&=5\times10\qquad+9 &&\text{加法九九}\\
&=59 &&\text{省略記法}
\end{aligned}
$$

積立て計算

$$
\begin{array}{r}
2\,4\\
+\;3\,5\\\hline
5\,9
\end{array}
$$

（問）24×7 の計算展開を示せ。

近世の乗法・除法 古代から乗法・除法は人々にとって難題であり，大雑把にいっても次の数段階の発展が積み重ねられて現在の形にいたっている。

245×37 を例にして，その発展をみてみよう。

(1) **アバクス**による下図のような，大理石の板に溝を設け，そこに小石を入れてソロバン状にした計算器を使う。

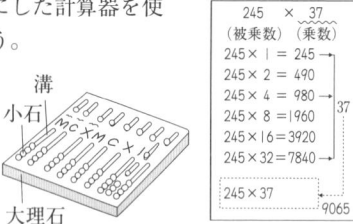

(2) **倍加法** 被乗数245を，倍倍と掛け，その表から，37倍となるよう工夫する。

245 × 37
（被乗数）（乗数）
245× 1 ＝ 245
245× 2 ＝ 490
245× 4 ＝ 980
245× 8 ＝1960
245×16 ＝3920
245×32 ＝7840
245×37
　　　　＝9065

(3) **鎧戸法（よろいどほう）** 下のネピア・ロッドを改良したもので，中国では鋪地錦（ほじきん），日本では格子掛け算と言う。

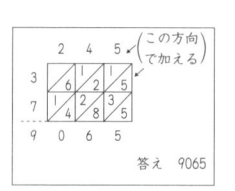

答え 9065

(4) **電光法（でんこうほう）** インドの計算法が，西欧に伝えられたもの。現代の計算法の原型。

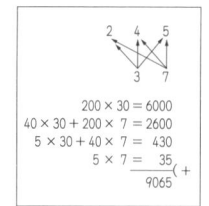

$200\times30=6000$
$40\times30+200\times7=2600$
$5\times30+40\times7=430$
$5\times7=35$（＋
9065

余談 ネピア・ロッド

17世紀イギリスの数学者ネピアが考案した計算器で，これを筆算形にしたものが，鎧戸法である。

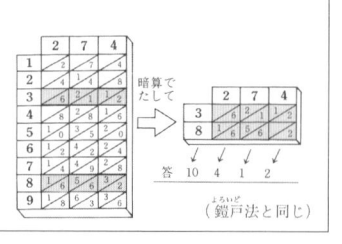

（鎧戸法と同じ）

ガレー法 イタリアの古い諺に「難事は割り算」というのがある。15世紀イタリアの数学者パチリオは，"ガレー法"という「割り算を分数の形にし，分母，分子を約していく方法」を考案した。これは中世有名なガレー船と「形や速いところが似ていること」から名付けられたものである。(右が約分の様子)

概算 桁数の多い数量の計算で，およその値を求める計算法。いま，いくつかの市の人口の概算では，右のようにする。ここでは実数に対しふつう四捨五入で**概数**を作り，概算で**近似値**を得る。次の場合もある。

	(実数)	(四捨五入)	(概数)
A市	435,711人	→	436,000人
B市	706,556人	→	707,000人
C市	298,328人	→	298,000人
			1,441,000人

64985×78246 ⇒ 65000×78000＝5,070,000,000

速算術 数のもつ特別な性質などを上手に利用して，早く簡単な計算をする技術で，これは西欧での大航海時代（15～17世紀）に，天文観測や通商で必要とされ，『**計算師**』という計算専門家たちが，工夫，発展させた。

(例) 加法　　　　　　　　　乗法
　　365＋278＋735　　　　471×98
＝365＋735＋278　　　　＝471×(100－2)
　　分配法則　　　　　　　　公式
　　12×3.14＋38×3.14　　$72^2－28^2$
＝(12＋38)×3.14　　　　＝(72＋28)(72－28)

(注) やや複雑なものでは，文字式の利用が多い。
　　上の右では，$a^2－b^2＝(a＋b)(a－b)$ の利用。

検算 ある計算をしたあと，「その答が正しいか，どうか」を調べる計算を検算という。いま，右の例で
　① 再度上から順に足し算をする。
　② 下から順に足し算をする。
　③ 答から，順に引き算をする。　などの方法がある。
また，「加法を減法で，乗法を除法で」という**逆算**利用法もある。

(例)　71085
　　　82347
　　　43150
　　　56849
　＋　17652
　　 271083

(「←--」の意味は後で)

九去法 古いインドの検算法といわれ，9の もつ性質を上手に使った検算法である。これは， 「ある数を9で割ったとき，その余りは，その 数の数字の和（1桁）になる」（下の余談）と いう性質の利用による。

前ページの問題を例にとると，右のように計 算していく。（慣れたら①を省略）

何桁の数のいくつの和の答の検算でも，1桁 の数の和で調べられる速算術の1つといえよう。

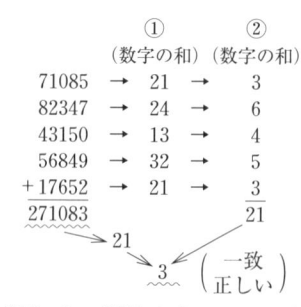

```
                    ①          ②
                (数字の和)  (数字の和)
   71085   →     21    →    3
   82347   →     24    →    6
   43150   →     13    →    4
   56849   →     32    →    5
 + 17652   →     21    →    3
  ──────                    ──
  271083                    21
     21                     
      3      （一致
              正しい）
```

(問) 上の問題は「マヤカシ速算」である。それを解明せよ。

この九去法は，加法だけでなく，減法，乗法，除法でも利用できる。
(注) ただし，9やその倍数の計算違いがあるときは，誤りの発見は不可能。

分数の定義と計算

分数 整数 a を，0でない整数 b で割った商を $\dfrac{a}{b}$ で表わしたもの。a を**分子**，b を**分母**という。（a と b との比の値でもある）

約分 分数の分子と分母を，その共通の約数で割って分数の値を変えず，簡単な形にすること。

通分 分母の異なる2つ以上の分数で，それぞれの値を変えず，分母の同じ分数になおすこと。（加減計算などに必要）

分数の四則計算は次の法則による。

加・減法 $\begin{cases} 同分母——分母はそのまま，分子は2数の和，差 \\ 異分母——分母を通分して，分子は2数の和，差 \end{cases}$

乗法　分子同士，分母同士をかけた分数をつくる。

除法　割る分数の分子，分母を入れかえた分数（逆数）をかける。

余談　9の特別な性質

ある5桁の数 A を考え，下のように分析していくと，
$A = 10000a + 1000b + 100c + 10d + e$
$ = (9999+1)a + (999+1)b + (99+1)c + (9+1)d + e$
$ = 9999a + a + 999b + b + 99c + c + 9d + d + e$
$ = 9(1111a + 111b + 11c + d) + (a+b+c+d+e)$
　　　　　　$\underbrace{}_{9の倍数}\ \underbrace{}_{9で割った余り}$

A を9で割ったときの余りは，各位の数字の和となる。
(注) これが上の**九去法**の根拠。

「9はふしぎな数だ」　かなえ君

⇒ 正・負の数 は，P.102を参照。

3 計量と測定

度量衡 古代中国で作られた計量を指す言葉で,「度は長さ,量はかさ,衡は重さ」である。わが国では古来から近世まで,中国の度量衡に従ってきた。(参考資料へ)

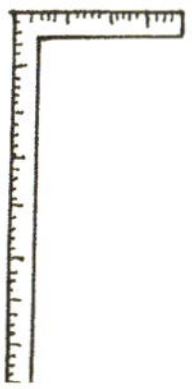

測量器具には,長さでは棒尺(物指し),巻尺,曲尺(かねじゃく)(右)などがあり,かさでは枡があり,中国で唐代に作られた"嘉量(かりょう)"(右)がある。1つの器具で石から勺(しゃく)まで5種類のものが量れる「万能枡」といわれるものである。

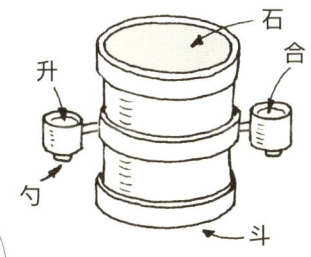

〔参考〕古代中国で有名な言葉に**規矩準縄**(きくじゅんじょう)がある。規はコンパス,矩は直角定木,準は水準器,縄は巻尺のことである。

(問)右は最近の「万能枡」である。何種類の量が量れるか。

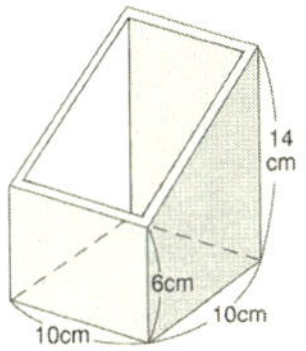

(注)最近,ダイヤモンドで作った世界最小の「物指し」が発表された。上から見ると三角形の立体で,0.2ナノメートルの高さの段差があり,その1つひとつが目盛りになっているという。

1 石 = 10 斗
1 斗 = 10 升 (18ℓ)
1 升 = 10 合
1 合 = 10 勺

計量法 1799年,フランスで『**メートル法**』が制定され,1875年国際度量衡法が,世界16カ国参加で決定。パリ郊外サンクル公園内に国際度量衡局が設置された。以後,各種の基本単位が定められ国際的な『計量法』となった。わが国は1885年条約に加盟した。

パリ国際度量衡局

時刻・時間 1884年,万国子午線会議で,イギリスのグリニッジ天文台に経線0°が定められ,世界統一の時刻が設けられ,25カ国が加入した。

位置と方向 いずれも基準が大切で,これは緯度,経度が必要とされる。

グリニッジ天文台,経線0°

4　数の遊戯・パズル

数々あるうち，代表的なものを取り上げることにする。

小石，棒，骨遊び　身近なマッチ棒を使たものとして，右のようなものがある。小石（碁石）などを取り合うゲームもある。

（例）下の式で，マッチ棒1本を動かして，正しい式にせよ。

数当て，年齢当て　いわゆる"当てもの"で，相手に質問をし，相手の考えた数や年齢を当てたりするものである。2進法で作ったカードによる方法もある。

〔質問〕
① あなたの好きな数を考えてください。
② それを5倍し，7を加え，
③ さらに100を加えて
....

魔方陣　古代中国の聖帝禹王時代に，洛水（黄河）から大きな亀がはい上がってきた。その甲羅に模様があり，それを数字にすると右のような表ができた，という。これはデタラメな数の並びなのに，縦，横，斜めの各3数字の和は一定という「魔法の方陣」であった。

2	9	4
7	5	3
6	1	8

三方陣

これが魔方陣の誕生で，この三方陣の他，四方陣，さらに星陣，円陣など，色々工夫されている。ドイツの版画家デューラーの四方陣は有名。

虫食算　江戸時代の商家では，貸金記録として大福帳を用いていたが，これが和紙でできているので，『シミ』という虫にところどころ食われ，数字が見えなくなる。年末に集金に困ったことから，「前後からこの消えた数字を求めること」で，始まったパズル。西欧では**デジタル・パズル**という。

```
  5 □ 8
+ □ 2 3
-------
  7 9 □
```

覆面算　虫食算の仲間で，□の代わりに平仮名やローマ字で，数字を覆ったもの。自分の名や動物，果物，都市名などを使うことができる広く楽しめるパズル。自作もしやすい。西欧では**アルファメティックス**（アルファベットの算数）という。

```
   ピヨ        カア         NA
 + ピヨ      + カア       + KA
 -----      -----       -----
  ヒヨコ      カラス         DA
```

```
   REI        OSAKA
 + MEI      + KYOTO
 -----      -------
   HON        TOKYO
```

ハノイの塔　インドのある寺院に大きな大理石の棒に大小順に64枚の黄金の円盤がある。これを1枚ずつ補助棒を利用し，第3の棒Bに移し代えるとき，何回の手数がかかるか。ただし，小さい円盤は必ず大きな円盤上にあるようにすること。

小町算 平安時代の才媛，小野小町は若い頃，多くの青年に求婚されたが，ことごとく断っていた。ただ余りにも

$$123-(4+5+6+7)+8-9=100$$
$$22$$

熱心な深草少将に対し，「100日間通い続けたら結婚する」と約束をした。しかし，彼は99日通って死んでしまった。小野小町は老年になったとき，これをしのび，「1～9の数字の並びはそのままとし，その前後に演算記号を入れて計算し，答がちょうど100になる」計算をして日々を過ごしたという。

清少納言知恵の板 同じ平安時代の才女，清少納言が考案したと伝えられるもの。正方形の厚紙を右のように7つのチップに切り，これを並べて影絵の形を作る，というパズル。

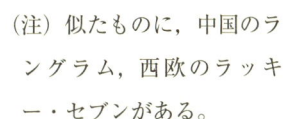

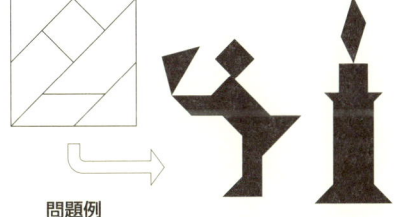

（注）似たものに，中国のタングラム，西欧のラッキー・セブンがある。

問題例　　あいさつ　　ローソク　　三重塔

four four's 19世紀頃イギリスで誕生したパズルで，4を4個使い，四則やかっこなどを使って0から自然数を作っていくもの。

（注）$.4=0.4$，$\sqrt{4}=2$，$4!=1\times 2\times 3\times 4=24$ などの記号を使用してもよい。

$$4+4-4-4=0$$
$$(4+4)\div(4+4)=1$$
$$(4\div 4)+(4\div 4)=2$$
$$(4+4+4)\div 4=3$$
$$4-(4-4)\times 4=4$$
$$\cdots\cdots\cdots\cdots\cdots\cdots\cdots\cdots$$
$$\cdots\cdots\cdots\cdots\cdots\cdots\cdots\cdots$$
（別解あり）

four nine's 上の類題で9を4個用いる。

ゲーム必勝法 勝負に必ず勝つという方法をもつゲーム。

余談　『徒然草』内のパズル

吉田兼好の名著『徒然草』（14世紀）の第137段に「継子立」というパズルがある。通称"ママ子立て"という。

ある資産家がなくなり，あと継ぎ1人を決めることになった。この家には前妻の子15人，後妻の子15人がいたが，後妻は自分の子をあと継ぎにしようと計画し，右のように30人を円型に並べ，Aから始め，10人目，10人目を失格とさせた。結果はどうなったか。

継子の最後（★）が「いまから，自分から数えて」といった。どうなったか。　　（注）現代，「ママ子」は禁句。

（○－実子　●－継子）

II 数式・文字式

1 文章題

世界の名著 5000年の歴史をもつ数学の世界では，古今東西何万冊という本が書かれているが，それらの中で後世に大きな影響を与えたものは右の6冊である。それぞれ特色はあるが，共通点は**文章題**（**応用問題**）が主ということであり，文章題こそ"数学の背景"といえる。

時代 (世紀)	書名	著者（民族）
B.C. 17	アーメス・パピルス	アーメス（エジプト）
B.C. 3	原論（ユークリッド幾何学）	ユークリッド（ギリシア）
A.D. 1	九章算術	不明（中国）
9	*al-gebr w'al mukābala*★	アル・ファーリズミー（アラビア）
13	Liber Abaci◎	フィボナッチ（伊）
17	塵劫記(じんこう)	吉田光由（日）

（注）★移項法，◎計算法（昔の算盤の名）

インドの問題 「0の発見」で有名なインドは，古代・中世にわたり"代数の民族"として，西欧，エジプト，ギリシア，の"幾何の民族"と対比されてきた。インドの文章題は，トンチ，ユーモアをもつ優れたもので，中世西欧に伝えられたとき，『インドの問題』として親しまれ，広く学ばれた。次のように変わったものが多い。

（例1）卵売りが，最初の家で全部の半分と1個を売り，次の家でも残りの半分と1個を，さらに3軒目でも残りの半分と1個を売った。このときカゴに10個残っていたという。最初，何個もっていたのか。

（例2）ラクダ17頭をもった人が，3人の子に次の遺言をした。17頭を
長男は $\frac{1}{2}$
次男は $\frac{1}{3}$ 　の割合で分配せよ。
三男は $\frac{1}{9}$
うまく分けられないので，お坊さんに相談したところ，1頭貸してくれた。どのようになったか。

（問）上の2例を解け。

Ⅱ 数式・文字式

日本の○○算 わが国の文章題は，昔，四則応用問題，諸等数応用問題，あるいは，作られた問題などと呼ばれていた。昭和の初め頃，「難問を解くと頭が良くなる」という**能力心理学**が教育界に広まり，その影響で中学校受験が難問主義になった。特に数学の文章題にその傾向が強く，この受験対策として"問題を型分けする"ことがおこなわれた。有名な鶴亀算，旅人算，植木算などがそれである。

この分類は，わが国独特のもので，○○算型式を取り，30余もあるが，実はこれは「能力心理学を動機とした社会現象である」というものの，○○算の名称は，遠く江戸時代初期に書かれた吉田光由著の『塵劫記（じんこうき）』にある右の章名をヒントにしたものと想像される。つまり，大変古いものである。現代の小・中学校の教科書には○○算の名称こそ用いられていないが，内容は多く見られる。（参考資料へ）

『塵劫記（じんこうき）』の中の○○算

入子算，鼠算
烏算，油分け算
百五減算，薬師算

（注）**四則**とは加，減，乗，除法のこと。**諸等数**とは，2時間40分，5m16cmなど名数2つ以上のもの。

文章題と具象図・情景図 一般に文章題の内容を理解するのが難しいため，色々図表現することが工夫されている。これにより，視覚化され直感的に内容が理解される。そのいくつかを示そう。

（例1）リンゴ2個とバナナ3本で550円，リンゴ，ミカン，バナナ各1個で280円，リンゴ1個，ミカン2個，バナナ2本で360円。それぞれの値段は？

（例2）12m離れた2本の杉の間に，等間隔に小さなツツジを3本植えたい。何mおきに植えたらよいか。

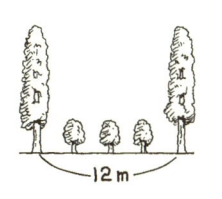

（例3）駅へ向かった父が忘れ物したのに，5分後に気付いた子が後を追った。父は時速4km，子はその倍の速さ。駅まで1kmある。追いつくか。

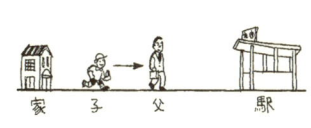

文章題と読解力　そもそも文章題とは，「問題を文章で示したもの」であるから，計算力の前に，その内容を読解し，意味をとらえていなくては始まらない。では，「読解力のある国語（文学系）に優れた子が，文章題に強いか」というと，そう単純なものではなく，調査した結果も，「国語の成績の良い子が文章題の問題を解ける」とはならなかった。では，文章題の読解力とはどのようなものか。いま，数学と国語の相違をあげてみると右のようで，大きな差（両極の学科・学問）がある。

数学の文	国語の文
客　観	主　観
論　理	情　緒
理　性	感　性

　文章題はあくまでも数学（算数も含め）の問題であるから，特に"情緒"など不要である。文章題では，ただひたすら"数量の間の関係"だけを論理的に読み取ればよい。

文章題の解法　文章題に色々なタイプがあるので，その解法にも色々あり，その昔，小学校で○○算の技術的解法に苦しめられたあと，中学校で方程式を習い，xを使うと簡単に式ができ解けた爽快感を思い出す。が，それでも中には「方程式だとかえって面倒になる」文章題もあった。次に色々な解法をあげよう。

(1)　直感（勘で答を出す）
(2)　シラミツブシ法（右）
(3)　試行錯誤（色々試みる近似法）
(4)　仮定法★（古代からの方法）
(5)　算数法（逆算，逆思考）
(6)　方程式法（正攻法，順思考）
(7)　図解法，他
(問)　エンピツ5本を買って千円払ったら，575円のおつりがきた。このエンピツ1本の値段を求めよ。
　これを上の(1)〜(7)すべての方法で解け。

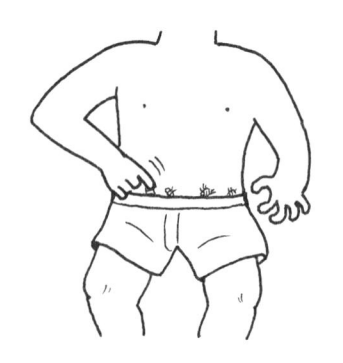

パンツなどにビッシリ並んで血を吸う「シラミ」。逃げないので，次々つぶし，全滅させられる。

(注)★古代の数学民族，エジプト，インドなどでの文章題の代表的解決法。
　　「正解を得たと仮定」して計算を進め，微調整で解を得る方法。

2　式・公式

文字式の記号　数学の発展により，一般化が進んで数の代りに文字が使用されるようになる。17世紀にはデカルトが未知数に母音の A, E, 既知数に子音の B, C を用いた。後世には未知数に x, y など，既知数に a, b などを用いるようになる。

（例）　$ax^2 + bx + c$, $y = ax + b$　など。

式の種類　数の種類に似て，次のようである。

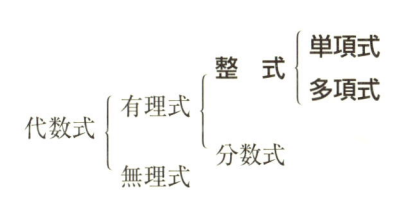

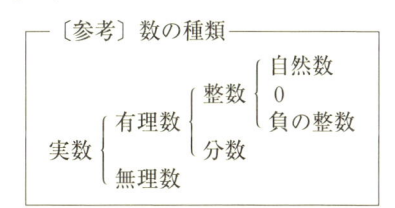

$$代数式 \begin{cases} 有理式 \begin{cases} 整式 \begin{cases} 単項式 \\ 多項式 \end{cases} \\ 分数式 \end{cases} \\ 無理式 \end{cases}$$

〔参考〕数の種類
$$実数 \begin{cases} 有理数 \begin{cases} 整数 \begin{cases} 自然数 \\ 0 \\ 負の整数 \end{cases} \\ 分数 \end{cases} \\ 無理数 \end{cases}$$

整式と次数　単項式の中の文字因数の個数。

（注）多項式では，その中の単項式の次数で最も高いものが，多項式の次数となる。

一次式　$3x$, $ax + b$
二次式　$ax^2 + bx + c$
……………………………
n 次式　$ax^n + bx^{n-1} + \cdots\cdots + m$

公式（主として図形）　次のようなものがある。

長さ　正方形の周 $\ell = 4a$, 長方形の周 $\ell = 2(a+b)$, 円周 $\ell = 2\pi r$
面積　三角形 $S = \dfrac{ah}{2}$, 正方形 $S = a^2$, 長方形 $S = ab$, 円 $S = \pi r^2$
体積　立方体 $V = a^3$, 直方体 $V = abc$, 円柱 $V = \pi r^2 h$, 球 $V = \dfrac{4}{3}\pi r^3$

などなど。a, b, c：1辺の長さ。r：半径。h：高さ。

乗法公式の展開式と因数分解　主なものに次の各式がある。

$a(b + c) = ab + ac$
$(a \pm b)^2 = a^2 \pm 2ab + b^2$
$(a + b)(a - b) = a^2 - b^2$
$(ax \pm by)^2 = a^2 x^2 \pm 2abxy + b^2 y^2$

（例）

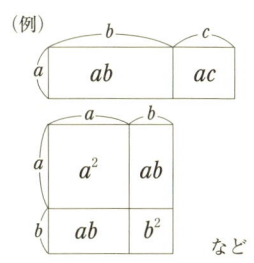

	b	c
a	ab	ac

	a	b
a	a^2	ab
b	ab	b^2

など

式の変形　公式や四則によって式の形を変え使いやすくすること。

二項定理・二項分布　二項 a, b についての展開式と，その係数についてのものである。

$$(a+b)^1 = a+b$$
$$(a+b)^2 = a^2 + 2ab + b^2$$
$$(a+b)^3 = a^3 + 3a^2b + 3ab^2 + b^3$$
$$(a+b)^4 = a^4 + 4a^3b + 6a^2b^2 + 4ab^3 + b^4$$
$$\cdots\cdots\cdots\cdots$$
$$\cdots\cdots\cdots\cdots$$
$$(a+b)^n = a^n + {}_nC_1 a^{n-1}b + \cdots\cdots\cdots\cdots + {}_nC_{n-1}ab^{n-1} + b^n$$

```
パスカルの三角形
       1   1
     1   2   1
   1   3   3   1
 1   4   6   4   1
   ............
   ............
```

〔参考〕「パスカルの三角形」は確率で使用されるが，これはすでに中国の『四元玉鑑』(朱世傑，13世紀) にある。${}_nC_1$は74ページ参照。

対称式・交代式　n 個の文字 x_1, x_2, $\cdots$ x_n の整式または有理式で，

○その中の任意の2つの文字を入れかえても，もとの式と変わらない式を**対称式**という。(例) $x^2 + y^2 + z^2$, $xy + yz + zx$

○その中の任意の2つの文字を入れかえると，もとの式と符号だけ違った式になるものを**交代式**という。(例) $a-b$, $(a-b)(b-c)(c-a)$

指数法則　$a > 0$, $b > 0$ で，m, n が任意の有理数のとき，次の法則を指数法則という。

(1) $a^m a^n = a^{m+n}$　　(4) $(ab)^n = a^n b^n$

(2) $\dfrac{a^m}{a^n} = a^{m-n}$　　(5) $\left(\dfrac{a}{b}\right)^n = \dfrac{a^n}{b^n}$

(3) $(a^m)^n = a^{mn}$

(注) この法則は，m, n が一般の実数に拡張したときも成り立つ。

余談　記号的代数まで

言語による**修辞的代数**の次に一部記号を使う**省略的代数**
そして**記号的代数**（現代）へと発展している。
(例) 16世紀にドイツのルドルフによるもの
　　　$12\wp$ aequatus $12x - 36$　⇒　$x^2 = 12x - 36$

3 等式・方程式

等式と基本性質　2つ以上の式を等号で結んだものを，等式といい，これには**恒等式**と方程式とがある。

○式に含まれる文字がどのような値をとっても成り立つものを**恒等式**という。

（例）$a+b=b+a$, $a(b+c)=ab+ac$

○文字が，ある特定の値をとったときのみ成り立つものを**方程式**という。

（例）$x+3=5$, $2x^2-5=4x$

等式には次の**基本性質**がある。

(1) 等式の両辺に同じ数，または式を加えても等式は変わらない。
(2) 等式の両辺から同じ数，または式を引いても等式は変わらない。
(3) 等式の両辺に同じ数，または式を掛けても等式は変わらない。
(4) 等式の両辺を同じ数，または式で割っても等式は変わらない。

方程式の種類　次の色々がある。

$$\begin{cases} 代数方程式 \begin{cases} 有理方程式 \begin{cases} \textbf{整方程式} \\ 分数方程式 \end{cases} \\ 無理方程式 \end{cases} \\ 超越方程式 \end{cases}$$

基本性質と天秤

この他に，**不定方程式**（$x+y=5$ など）や文章方程式（興味度測定など）がある。

連立方程式　2つ以上の方程式を1組としたもので，一般的には未知数の数と方程式の数とが等しく，解は1組得る。

（例）$\begin{cases} 3x+5y=2 \\ 2x-y=1 \end{cases}$　$\begin{cases} x+y+z=6 \\ 2x+3y-z=5 \\ 3x-y+4z=1 \end{cases}$

方程式の解の公式　代表的なものが二次方程式で，これは下のようである。三次・四次方程式にも「解の公式」はあるが五次方程式にはない。

（注）これを追求して得た分野に『**群論**』がある。

$ax^2+bx+c=0$ $(a>0)$
解の公式は
$$x=\frac{-b\pm\sqrt{b^2-4ac}}{2a}$$
√　内をDで表わし判別式という。

判別式と解（根）　二次方程式の解の性質を調べるものとして判別式がある。これについて，**判別式 D** には 3 種類ある。

　$D>0$　異なる 2 実数解（**2 実根**）　$D=0$　重解（**等根**）　$D<0$　異なる 2 虚数解（**2 虚根**）

方程式の解（根）とグラフ　一次方程式，連立方程式，二次方程式，それぞれについて調べると，下のようである。

一次方程式 $(a>0)$
$$x-y=a,\ x-y=0$$

連立方程式
$$\begin{cases} x-y=a \\ 2x-2y=2a \end{cases} \qquad \begin{cases} x-y=a \\ x-y=2a \end{cases}$$

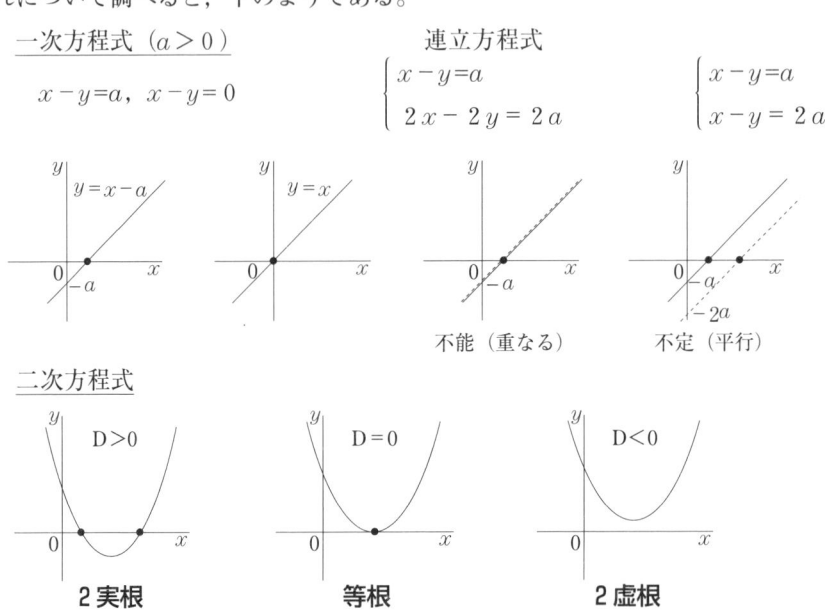

　　　　　　　　　　　　　　　　　　不能（重なる）　　不定（平行）

二次方程式

　　$D>0$　　　　　　$D=0$　　　　　　$D<0$

　　2 実根　　　　　　等根　　　　　　2 虚根

〔参考〕方程式の語源は，古代中国の名著『**九章算術**』（P.16, 110）の中の「**第八章 方程**」による。また，16 世紀のイタリアでは，カルダノ，フェルロ，フロリド，タルタリアなどが**公開試合**などをして，三次・四次方程式を発展させた。

余談　**火災方程式というもの**

　気象庁は 5 年間の 5 万件の火災記録を分析し，温度，湿度，風速などのデータから，翌日の火災発生件数を予想する火災方程式（グラフ）をあみ出した。

　（例）最小湿度 25%，実効湿度（木材の乾燥を示す目安）50% の日では，35〜40 件の火災が予想される（☆）。

火災発生件数（斜線）

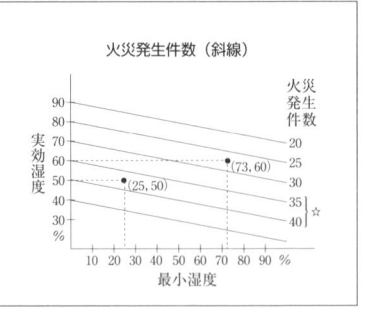

4　不等式

不等式の種類　等式の恒等式，方程式と同様に2種類ある。
　絶対不等式　x がどのような値をとっても成り立つ不等式。
　　　　　　（例）　$(x+5)^2 > -1$
　条件不等式　x が特定の値をとったときのみ成り立つ不等式。
　　　　　　（例）　$x - 4 > 2$

不等式の性質　等式と似ている部分と異なる部分とがある。
○ $a > b$ ならば $a - b > 0$，また $a - b > 0$ ならば $a > b$
○ $a > b$ ならば $a \pm c > b \pm c$
○ $a > b$ ならば $\begin{cases} c > 0 \text{のとき} \quad ac > bc, \quad \dfrac{a}{c} > \dfrac{b}{c} \\ c < 0 \text{のとき} \quad ac < bc, \quad \dfrac{a}{c} < \dfrac{b}{c} \end{cases}$

連立不等式　方程式と異なり，解は区間で示される。
（例）　$\begin{cases} 3x - 4 > 5 \\ -x + 6 > -1 \end{cases}$ は $\begin{cases} x > 3 \\ x < 7 \end{cases}$ よって，$3 < x < 7$

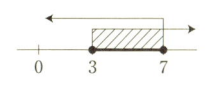

不等式と領域　1つの二元一次方程式では，その解は1組の値ではなく，半平面などの領域（範囲）で示される。

（例）　$x + y > 5$
　　　　変形して　$y > -x + 5$

（例2）　$\begin{cases} x + y > 5 \\ x - y < 3 \end{cases}$
　　　　変形して　$\begin{cases} y > -x + 5 \\ y > x - 3 \end{cases}$

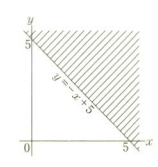

直線は含まれない。

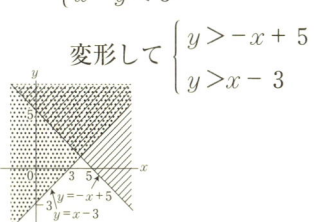

（注）等号があるとき直線が含まれる。

余談　**線形計画法** (P.24, 91)

A，B 2種類の乗り物がある遊園地で，1回の料金はA400円，Bは600円。乗っている時間は12分，6分。ある人が2400円をもち30分間遊びたい。移動時間は0とし，何通りの乗り方があるかは，費用と時間から右の式が作るグラフの整数値●となる。
$\begin{cases} 400x + 600y \leq 2400 \\ 12x + 6y \leq 30 \end{cases}$

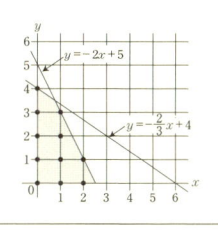

III 比・比例

1 比

比 とは，2つの数量 a, b で a が b の何倍かを $a:b$ で表わしたもので $\frac{a}{b}$ を**比の値**という。比を上手に使用した話として，ギリシア商人のターレス（B.C.6世紀）がエジプトへ商用で行ったとき，ピラミッドの高さを，棒と影を使い**相似比**で測ったという有名な話がある。

比としては，**面積比**，**体積比**，さらに**黄金比**，**白金比**（シルバー比）(P.25) などがある。

比の三用法 数量など3つのものの関係，たとえば，

○ 定価に対し割引き値から割引き率。
○ 元金に対し利率から利息。
○ 欠席者と欠席率からクラスの人数。

などのような用法を，比の三用法（右）という。

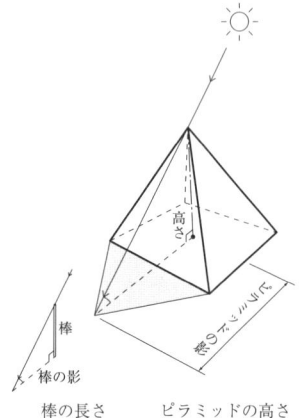

$$\frac{棒の長さ}{棒の影の長さ} = \frac{ピラミッドの高さ}{ピラミッドの影の長さ}$$

第1用法　$A \div B = r$
第2用法　$B \times r = A$
第3用法　$A \div r = B$

2 連比

連比 3つ以上の数量の比，$a:b:c:\cdots\cdots$ を連比という。連比は古代から，合金（混合比），遺産相続（分配比），共同作業での収入（配分比）などなど，色々な場面で使用されてきている。近年話題になっている『**線形計画法**』で

品　名：カレー
原材料名：野菜・果実（玉ねぎ，じゃがいも，人参，バナナ），牛肉，食用油脂（パーム油，コーン油，大豆油，なたね油，米油），小麦粉，砂糖，チキンブイヨン，食塩，カレー粉，乳糖，ウスターソース，香辛料，ビーフエキス，ミルクパウダー，ソースパウダー，リンゴ発酵物，酵母エキス，たん白加水分解物（いわし，かつお），調味料（アミノ酸等），カラメル色素，酸味料，香料，乳酸Ca

は，"カレー"の原材料約30について，配分の連比が必要とされる。

（問）資産家が，妊娠中の妻に，次の遺言をして死んだ。「生まれた子が男なら，子どもと妻との財産比は 5:3，女なら 3:4 と分配せよ」と。生まれたのは男女の双子だった。3人の分配比を求めよ。

繁分数 「繁雑な分数」の意味で，一般に，(分数)÷(分数)=比：比からできていて，ふつうは計算する。

(注)整数は分母1の分数といえる。$3=\frac{3}{1}$。

(例) $\dfrac{\frac{3}{5}}{6}$　$\dfrac{\frac{2}{5}}{\frac{3}{7}}$

連分数 いわゆる「連なった分数」のことで，右の2例が知られている。

…を省略し，下から計算する。

黄金比の近似値は0.618

白金比は極限値が$\sqrt{2}$
　つまり，1.1414213…

(注)黄金比は下の計算でも求められる。

$\dfrac{1}{1},\dfrac{2}{1},\dfrac{3}{2},\dfrac{5}{3},\dfrac{8}{5},\dfrac{13}{8},\cdots$

あるいは，前の2数の和

1　1　2　3　5　8　13　…

『計算書』の目次
1　インド－アラビア数字の読み方と書き方
2　整数の掛け算
3　整数の足し算
4　整数の引き算
5　整数の割り算
6　整数と分数との掛け算
7　分数と他の計算
8　比例（貨物の価格）
9　両替（品物の売買）
10　合資算
11　混合算
12　問題の解法（フィボナッチ数列）
13　仮定法
14　平方根と立方根
15　幾何と代数

(例1) **黄金比**

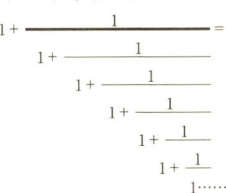

$$1+\cfrac{1}{1+\cfrac{1}{1+\cfrac{1}{1+\cfrac{1}{1+\cfrac{1}{1\cdots\cdots}}}}}=$$

(例2) **白金比**

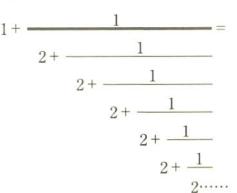

$$1+\cfrac{1}{2+\cfrac{1}{2+\cfrac{1}{2+\cfrac{1}{2+\cfrac{1}{2\cdots\cdots}}}}}=$$

フィボナッチ数列　13世紀イタリアの数学者で，名著『Liber Abaci（計算書）』（P.16表）で有名。ピサのレオナルドともいう。彼は上の数列を発見したが，この数列は，ヒマワリの種の並び，パイナップル，松笠など自然界に多く見られる数列である。

ヒマワリの種

余談　**黄金比・白金比と図形**

黄金比　エウドクソス（B.C.4世紀）は下の比から黄金比（黄金分割）を得た。

AB：AP = AP：BP

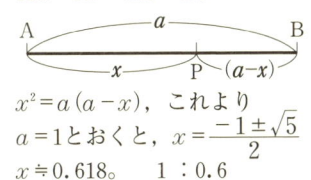

A ———a——— B
　　x　P　$(a-x)$

$x^2 = a(a-x)$，これより$a=1$とおくと，$x=\dfrac{-1\pm\sqrt{5}}{2}$

$x \fallingdotseq 0.618$。　1：0.6

美しい形に見える**パルテノン神殿**

白金比　$1:\sqrt{2}$
紙の裁断で無駄がない。

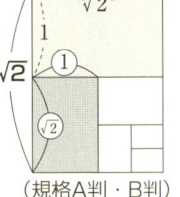

（規格A判・B判）

彫刻と黄金比　古代ギリシアの彫刻には，その美しさの基本に黄金比が見られる。有名な「ミロのビーナス」では，オヘソで黄金分割されている。

（注）日本の女性の着物は，ズン胴で格好が悪いようであるのに美しいのは，帯締めの位置が黄金分割になっているからである。

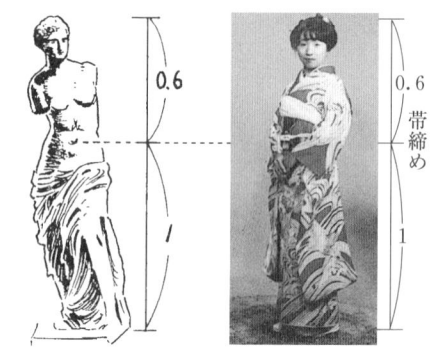

ミロのビーナスのオヘソ　　日本の和服の帯締め

絵画と黄金比　西欧ルネサンス時代の絵画には，黄金比と遠近法とが多く取り入れられている。これは，人間の視覚にとって心地良いからであろう。

中世西欧の"地の果て"撮影する人物は著者

音楽と比　古代ギリシアの数学者ピタゴラス（B.C.5 世紀）は「万物は数である」の思想のもち主で，音階にもその数量化に目を向けている。右は音階発見の伝説の木版画。

内分と外分　一定の長さの線分を1点で分けること。これには，内分と外分とがある。

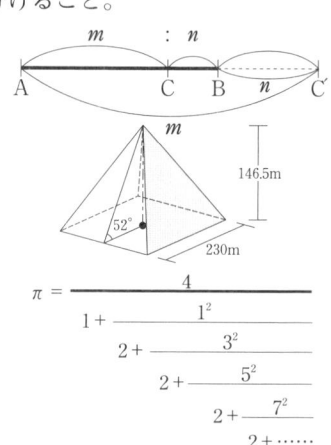

　内分　線分ABを点Cで$m:n$に内分する，
　　という。つまり，
　　AC：CB＝$m:n$ に分けること。

　外分　線分 AB の延長上に C′ をとり，
　　AC′：C′B＝$m:n$ に分けること。

〔参考〕円周率とは（周：直径）であるが，クフ王のピラミッドでは，
　　辺：高さ＝230：146.5（≒3.14）。
　　また，連分数では，右のように表わせる。

$$\pi = \cfrac{4}{1+\cfrac{1^2}{2+\cfrac{3^2}{2+\cfrac{5^2}{2+\cfrac{7^2}{2+\cdots\cdots}}}}}$$

3 比例

正比例 伴って変わる2つの量 x, y があって，x が2倍，3倍，4倍，……とふえると，y も2倍，3倍，4倍，……とふえる関係を，x と y は正比例（単に比例）する，という。

この関係は，表，式，グラフで表わせる。

① 表

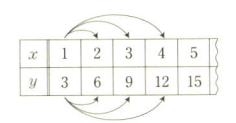

x	1	2	3	4	5
y	3	6	9	12	15

② 式　$y = 3x$　　3は比例定数

③ グラフ

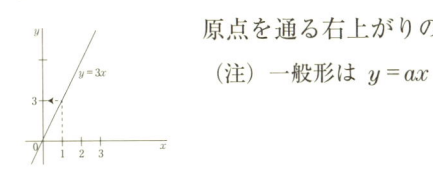

原点を通る右上がりの直線。

（注）一般形は $y = ax$

比例は3通りで表わせるよ

反比例 伴って変わる2つの量 x, y があって，x が2倍，3倍，4倍，……とふえると，y は $\frac{1}{2}$, $\frac{1}{3}$, $\frac{1}{4}$, ……と減る関係を，y は x に**反比例**（逆比例）する，という。

この関係は，表，式，グラフで表わせる。

① 表

x	1	2	3	4	5
y	$\frac{1}{3}$	$\frac{1}{6}$	$\frac{1}{9}$	$\frac{1}{12}$	$\frac{1}{15}$

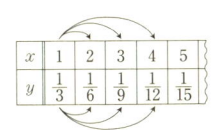

② 式　$y = \dfrac{3}{x}$　または　$xy = 3$，3は比例定数

③ グラフ

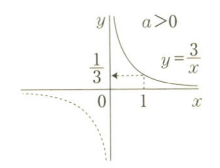

x 軸と y 軸を**漸近線**にもち，第1，第3象限にある**直角双曲線**である。

（注）$a < 0$ のときは，第2，第4象限にある。
一般形は $y = \dfrac{a}{x}$

比例式 2つの比 $a:b$ と $c:d$ の値が等しいとき，$\boldsymbol{a:b=c:d}$ で表わし，比例式という。これは $\dfrac{a}{b} = \dfrac{c}{d}$ としてもよい。

IV 関数

1 集合と対応

いろいろな対応 2つの集合 A, B があり, その要素間の対応に, 次の4種類がある。

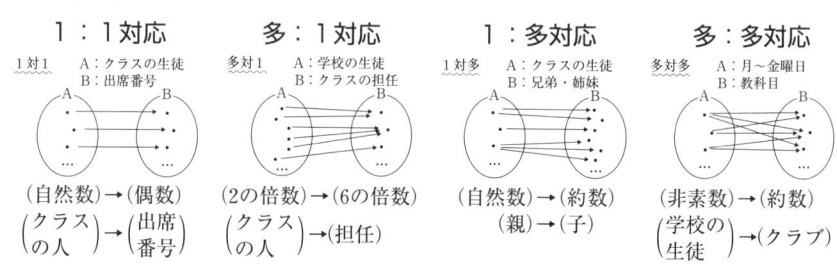

```
    1:1対応              多:1対応              1:多対応              多:多対応
1対1  A：クラスの生徒    多対1  A：学校の生徒   1対多  A：クラスの生徒   多対多  A：月〜金曜日
      B：出席番号              B：クラスの担任          B：兄弟・姉妹            B：教科目
```

(自然数)→(偶数)　　(2の倍数)→(6の倍数)　　(自然数)→(約数)　　(非素数)→(約数)

$\begin{pmatrix}クラス\\の人\end{pmatrix} \to \begin{pmatrix}出席\\番号\end{pmatrix}$　　$\begin{pmatrix}クラス\\の人\end{pmatrix} \to (担任)$　　(親)→(子)　　$\begin{pmatrix}学校の\\生徒\end{pmatrix} \to (クラブ)$

(注) 上の対応のうち, 1:1 と 多:1 を**一意対応**（1つに対し, ただ1つ決まる）といい, これを**関数**と呼ぶ。

逆対応（逆関数）　関数 $y = f(x)$ で, y の値に対して x の値が定まるとき, この対応を $y = f'(x)$ とかき, **逆関数**という。

一次関数 $y = ax + b$ の逆関数は, $y = \dfrac{1}{a}x - \dfrac{b}{a}$ （左）。

二次関数 $y = x^2 (x \geq 0)$ の逆関数は, $y = \sqrt{x}$ （負はとらない）。

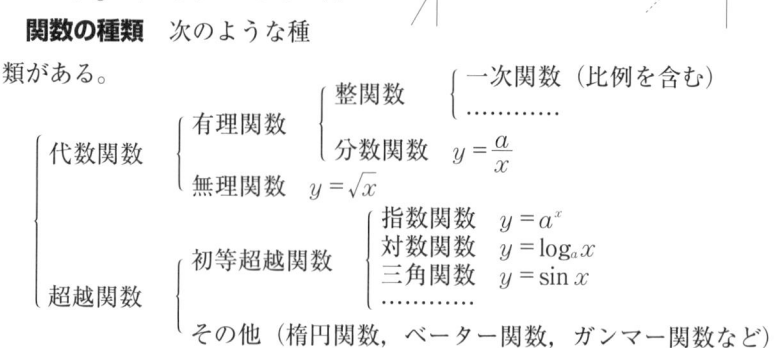

関数の種類　次のような種類がある。

$\begin{cases}代数関数 \begin{cases}有理関数 \begin{cases}整関数 \begin{cases}一次関数（比例を含む）\\ \cdots\cdots\cdots \end{cases}\\ 分数関数 \quad y = \dfrac{a}{x} \end{cases}\\ 無理関数 \quad y = \sqrt{x}\end{cases}\\ 超越関数 \begin{cases}初等超越関数 \begin{cases}指数関数 \quad y = a^x\\ 対数関数 \quad y = \log_a x\\ 三角関数 \quad y = \sin x\\ \cdots\cdots\cdots\end{cases}\\ その他（楕円関数, ベーター関数, ガンマー関数など）\end{cases}\end{cases}$

2　整関数

和・差・積・商が一定　ともなって変化する変量 x, y があるとき，その間には色々な対応関係がある。その中で単純なものは，変量 x, y で和・差・積・商が一定というものである。

これらは右のようで，各例をあげると次がある。

① 1000円で買物をしたときの代金とおつり。
② 父と子の年齢の差。
③ 面積一定の長方形の縦，横。
④ 一定の速度で行くときの時間と距離。

> ① 和が一定　$x+y=a$ ⎫
> ② 差が一定　$x-y=a$ ⎭ 一次関数
> ③ 積が一定　$xy=a$ 　　反比例
> ④ 商が一定　$\dfrac{x}{y}=a$ 　　正比例
>
> ①は $y=-x+a$, ②は $y=x-a$ と変形される。

一次関数　式 $y=ax+b$ の形で，比例部分 ax と定数 b との和の関数。

グラフでは，a は**傾き**，b は**切片**とよび，$b \neq 0$ のとき原点を通らない直線となる。

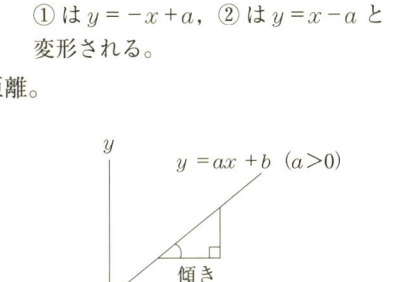

$a>0$ のとき，グラフは左下がり
$a<0$ のとき，グラフは右下がり

(問) 日常生活の中で，一次関数である例をあげよ。

二次関数　式 $y=ax^2+bx+c$ の形で，$y=x^2$, $y=x^2+c$ は，右のグラフとなるが，一般形では次のように変形し

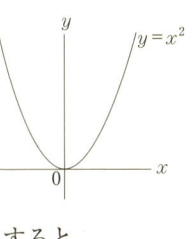

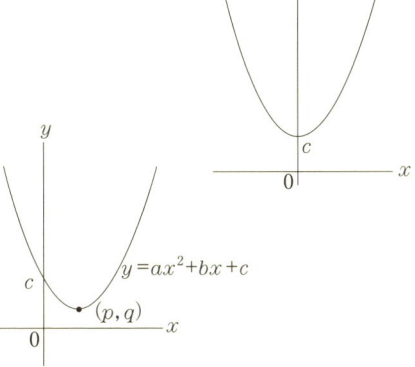

$y=a(x-p)^2+q$ とすると，$a>0$ とき下に**凸**，$a<0$ のとき下に**凹**。グラフの頂点は (p,q) で**放物線**になる。

関数とグラフ　各整関数をグラフにしたとき，一般的には下のようにその関数と次数とグラフの交点の数とは一致する。

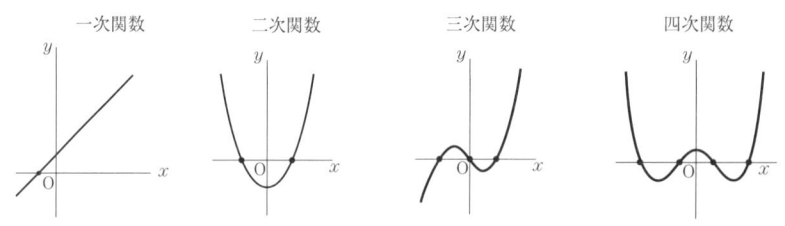

　　　一次関数　　　　二次関数　　　　三次関数　　　　四次関数

しかし，例外もあるので考えておこう。

<u>一次関数の場合</u>

一般形に対して
$y = x$，$y = a$ などがある。

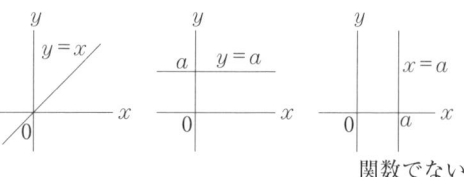

　　　　　　　　　　　　　　　　　　　　　　　　　関数でない

（注）$x = a$ がダメなのは，x の値に対し，y の値が無数だからである。

<u>二次関数の場合</u>

一般形では x 軸と 2 点で
- 交わる（2 実根）
- 接する（等根）
- 離れている（2 虚根）

がある。（注）P.22参照。

<u>三次関数の場合</u>

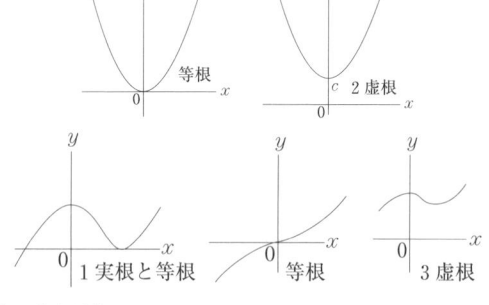

右のような色々な場合が
ある。以下，四次，五次の関数でも同様。

　　　　1実根と等根　　　等根　　　　3虚根

偶関数と奇関数　数学上では，正・負，大・小，陽・陰などが付される用語が多いが，偶・奇もその 1 つである。

　偶関数とは，x の関数 $f(x)$ が $f(-x) = f(x)$ となるもので $y = x^2$，$y = \cos x$ など。グラフが **y 軸に関して対称**。

　奇関数とは，$f(-x) = -f(x)$ となるもので $y = x^3$，$y = \sin x$ など。グラフは**原点に関して対称**。

逆関数とグラフ　$y = ax$ に対し $y = \dfrac{1}{a}x$，$y = x^2 (x \geq 0)$ に対し $y = \sqrt{x}$ などが逆関数でグラフは $y = x$ **に関して対称**になる。

3 色々な関数

分数関数 関数 $f(x)$ で, $f(x)$ が分数式で表わされるとき, この関数を分数関数という。

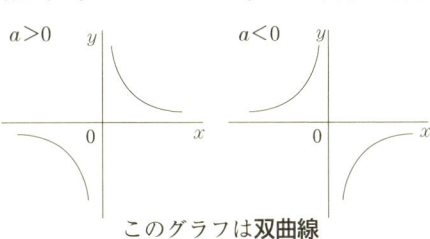

基本形 $y = \dfrac{a}{x} (a \neq 0)$ は次のようである。

双曲線がいくらでも近付く定直線をその曲線の**漸近線**という。

分数関数の一般形は,

$$y = \frac{a}{x-p} + q$$

このグラフは右のように $y = \dfrac{a}{x}$ を平行移動したものとなる。

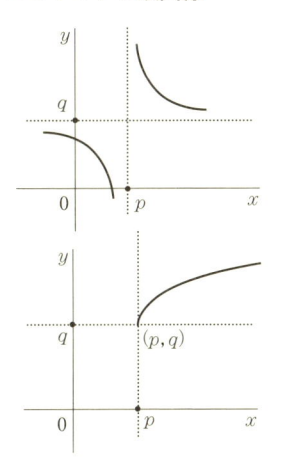

無理関数 二次関数 $y = x^2$ の逆関数は $y = \sqrt{x} \ (x \geqq 0,\ y \geqq 0)$

無理関数の一般形は,

$$y = \sqrt{x-p} + q$$

グラフは分数関数と同様 $y = \sqrt{x}$ を平行移動したものとなる。

指数関数 $y = a^x$ を, a を底とする指数関数という。

これには, 次の**性質**がある。

(1) **定義域**は実数全体で, **値域**は正の実数全体である。

(2) グラフは2点 $(0, 1), (1, a)$ を通る。

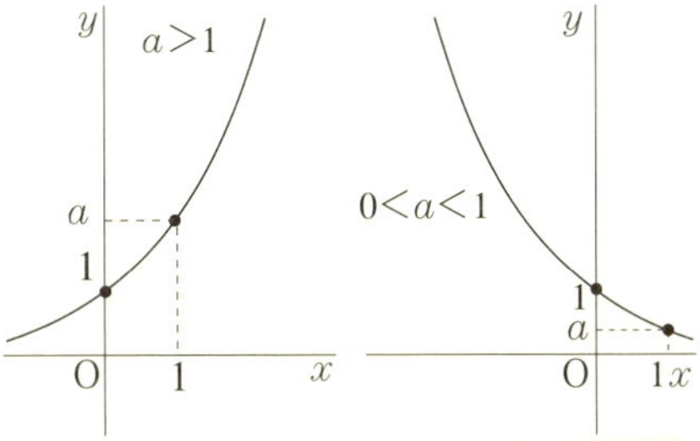

(3) グラフは x 軸を漸近線とする。

(4) $a > 1$ のとき, x の増加にともない y も増加する。

$0 < a < 1$ のとき, x の増加にともない y は減少する。

〔参考〕この曲線はパリのエッフェル塔や城の石垣などの線に見られる。

対数関数

$y = \log_a x$ を，a を底とする対数関数という。

これには次の**性質**がある。

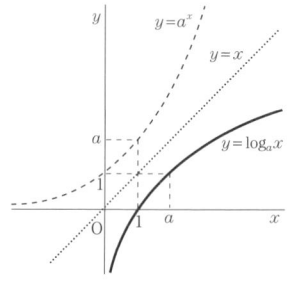

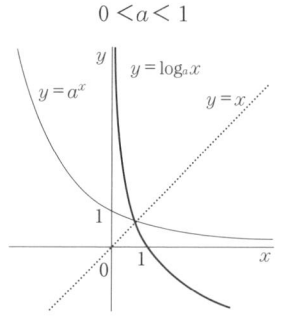

(1) **定義域**は，正の実数全体である。

(2) グラフは，2点 $(1, 0)$, $(a, 1)$ を通る。

(3) グラフは，y 軸を漸近線としてもつ。

(4) $a > 1$ のとき，x の増加にともない y も増加する。

$0 < a < 1$ のとき，x の増加にともない y は減少する。

(注) 対数関数は，指数関数の逆関数である。

〔参考〕**対数**

指数関数 $y = a^x$ においては，任意の正の数 b に対して $a^k = b$ となる k の値が1つ決まる。この k を a を**底**とする b の**対数**といい，$k = \log_a b$ で表わす。また b を k の**真数**という。($b > 0$)

$a > 0$, $a \neq 1$, $b > 0$ のとき, $a^k = b \iff k = \log_a b$

対数についての公式

a を1でない正の数。$M > 0$, $N > 0$ のとき，次の関係が成り立つ。

$\log_a MN = \log_a M + \log_a N$ 積の対数

$\log_a \dfrac{M}{N} = \log_a M - \log_a N$ 商の対数

$\log_a M^k = k \log_a M$ 累乗の対数

「掛け算が足し算になるとは!!」

計算尺 対数では，乗法を加法に，除法を減法にと計算を1段容易にするが，これを計算器にしたのが計算尺である。当時は「天文学者の寿命を2倍にした」と重宝がられた。

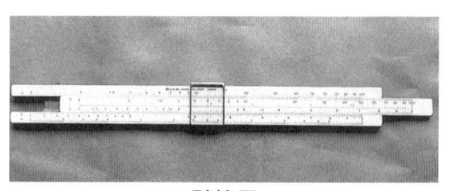

計算尺

三角関数 $\sin\theta = \dfrac{y}{r}$，$\cos\theta = \dfrac{x}{r}$，$\tan\theta = \dfrac{y}{x}$ を θ の三角関数という。

$\sin\theta$，$\cos\theta$ は，任意の**一般角** θ に対して定義されるが，$\tan\theta$ は $x=0$ となるような θ に対しては定義されない。

半径 1 の円を**単位円**といい，$r=1$ の場合，三角関数は次のようになる。

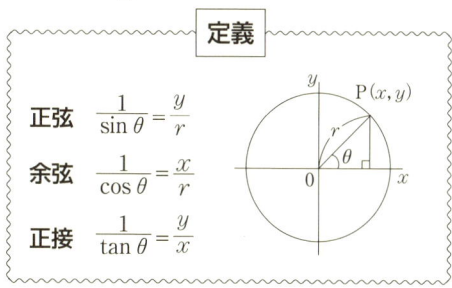

> **定義**
> 正弦　$\dfrac{1}{\sin\theta} = \dfrac{y}{r}$
> 余弦　$\dfrac{1}{\cos\theta} = \dfrac{x}{r}$
> 正接　$\dfrac{1}{\tan\theta} = \dfrac{y}{x}$

$\sin\theta = y$，$\cos\theta = x$，$\tan\theta = \dfrac{y}{x}$

三角関数のグラフ　$\sin\theta$，$\cos\theta$，$\tan\theta$ のグラフは次のようである。

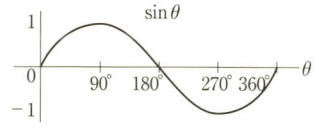

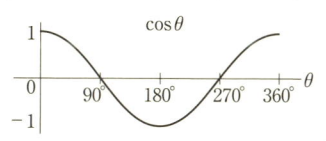

- $\sin\theta$ のグラフは**正弦曲線**といい，原点を通る。
- $\cos\theta$ のグラフは**余弦曲線**といい，正弦曲線を 90° だけ平行移動したもの。
- $\tan\theta$ のグラフは，右のようで**正接曲線**という。

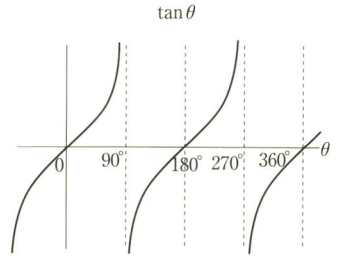

三角関数の公式　次のような色々な公式がある。

$\sin^2\theta + \cos^2\theta = 1$，$\left(\tan\theta = \dfrac{\sin\theta}{\cos\theta}\right)$

正弦定理

$\dfrac{a}{\sin A} = \dfrac{b}{\sin B} = \dfrac{c}{\sin C} = 2R\,(直径)$

余弦定理

$a^2 = b^2 + c^2 - 2bc\cos A$

$\cos A = \dfrac{b^2 + c^2 - a^2}{2bc}$

面積　$S = \dfrac{1}{2}bc\sin A$　　**ヘロンの公式**　$S = \sqrt{s(s-a)(s-b)(s-c)}$

他　　　　　　　　　　　　　　　　$s = \dfrac{1}{2}(a+b+c)$

余談　**三角法（比）の歴史**

古代天文観測上から工夫され，**インド**で三角比が創案，**アラビア**に引き継がれ土台が作られた。17 世紀に関数の考えが導入されて，「静から動」で「三角関数」が誕生した。

Ⅴ 基礎図形

1 開いた図形

　図形を大別すると、線や面など性質、関係を主とするものと、面積、体積など計量を考えるものとがある。本書では、前者を**開図形**、後者を**閉図形**と区別する。

〔平面の部〕

　点　位置だけあって大きさがないもの。線の端。

　線　長さはあるが幅のないもの。面の端。次の種類がある。

$$\text{線}\begin{cases}\text{直線}\begin{cases}(1本)\ \textbf{線分, 半直線}\\(2本)\ \textbf{平行, 垂直}\end{cases}\\\text{曲線}\begin{cases}\text{アルキメデスの渦巻(左)}\\\text{ベルヌーイの永遠の曲線(右)}\end{cases}\end{cases}$$

巻貝

（注）点、線の定義は『原論』（ユークリッド幾何）によるもの。現在は無定義用語。

　角　2直線でできる角について、大きさにより、4種類のものがある。

（1角）　2本の半直線でできる角。

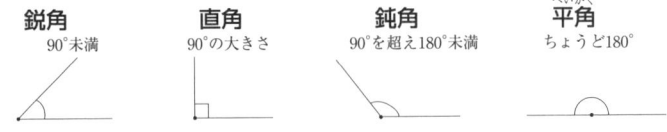

鋭角	直角	鈍角	平角
90°未満	90°の大きさ	90°を超え180°未満	ちょうど180°

（2角）　2直線に1直線が交わってできる角についての名称。

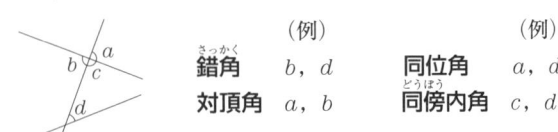

　　　　　（例）　　　　　　　　（例）
　錯角　　b, d　　　　**同位角**　　a, d
　対頂角　a, b　　　　**同傍内角**　c, d

〔空間の部〕

　面　には**平面**と**曲面**があり、曲面には凸面、凹面などがある。

　直線と平面との間には、次の色々な関係がある。

〔参考〕**45°の不思議の利用**　○大砲や野球のホームランの角度　○刀で竹を切る角度　○影の長さ（実物と同じ）　○ヨットで向かい風に進行する場合

2　閉じた図形

三角形，円や立方体，四角錐などのように，空間内に部分（面積，体積）をもつ図形の分野を**閉図形**という。

〔**平面の部**〕

三角形　平面上を3本の直線で囲むとき，囲まれた部分（図形）をいう。

角について（頂角，内対角，外角，等角（底角））

ベン図（三角形，二等辺三角形，直角三角形，正三角形，直角二等辺三角形）

辺について（等辺，対辺，斜辺）

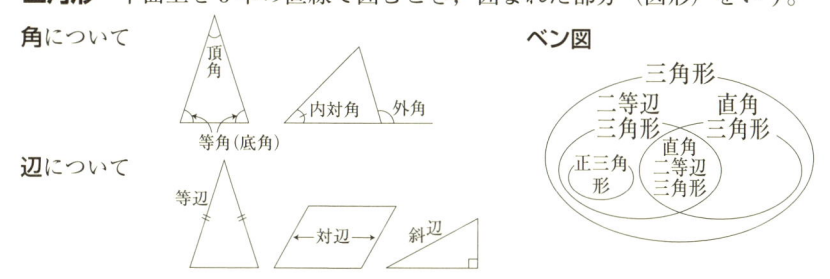

三角形の五心　次の5つがある。

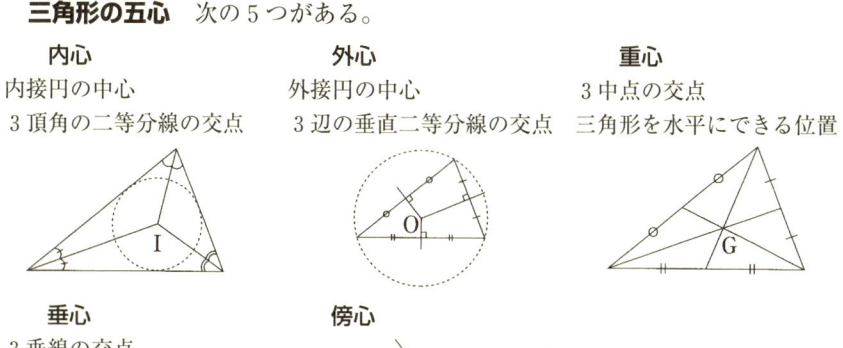

内心
内接円の中心
3頂角の二等分線の交点

外心
外接円の中心
3辺の垂直二等分線の交点

重心
3中点の交点
三角形を水平にできる位置

垂心
3垂線の交点

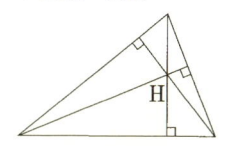

傍心
傍接円の中心 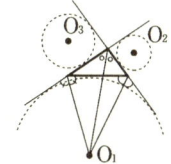
（3つある）
三角形の各辺にできる。

中点連結定理　三角形の代表的な定理で，その後の色々な図形の性質の証明に利用される。

これは三角形ABCの2辺の中点M，Nを結ぶとき，MN$\underset{=}{\parallel}\frac{1}{2}$BCという関係。

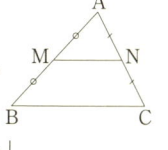

（注）記号$\underset{=}{\parallel}$は「平行で等しい」。

（問）補助線NPを用いて中点連結定理を証明せよ。

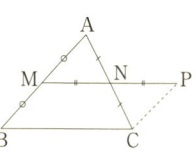

四角形 平面上を4本の直線で囲むとき，囲まれた部分(図形)をいう。
四角形には，色々な特徴があり，それによっていくつもの名称がある。

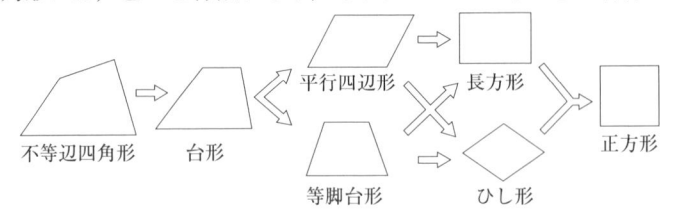

平行四辺形の定義と性質

（定義）2組の対辺がそれぞれ平行な四角形。

（性質）2組の対辺の長さがそれぞれ等しい。
　　　　2組の対角がそれぞれ等しい。
　　　　2組の対角線はそれぞれの中点で交わる。

（注）長方形，ひし形，正方形は，平行四辺形に包含されるので，上の性質をもつ。

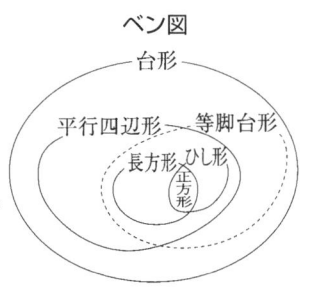

ベン図

正五角形と黄金比

右の図で BE の点 P は
BP：PE ＝ 1：0.6
この比が黄金比（P.26）となる。

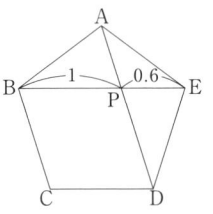

〔参考〕テープで正五角形を作る。

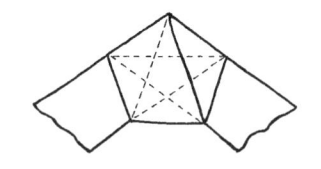

余談　五星芒形物語

紀元前530年頃，古代ギリシアの数学者ピタゴラスは生地サモス島を追われ，ギリシアの植民地で南イタリアのクロトンにのがれ，ここで学園を開いた。この学園の徽章が五星芒形で，5つの頂点につけた5つの文字 $υγιθα$ は「健康」の意味だったという。後世，この形が堅固な城塞に利用された。（五稜郭など）

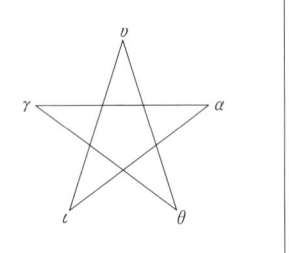

五星芒形の内角の和

求め方は色々あるが，動的な方法として右のものがあり，簡単に2直角であることがわかる。

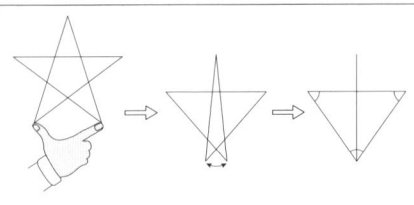

正六角形　ある半径を用い，その円周を切っていくと，円周上に 6 つの点が得られ，これを順に結んでいくと，正六角形が作られる。

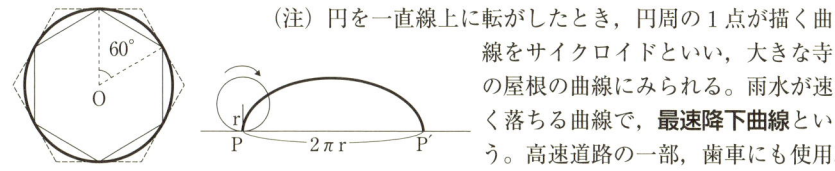

（注）円を一直線上に転がしたとき，円周の 1 点が描く曲線をサイクロイドといい，大きな寺の屋根の曲線にみられる。雨水が速く落ちる曲線で，**最速降下曲線**という。高速道路の一部，歯車にも使用。

正 n 角形　これの**内角**と**外角**の大きさは，

1 つの**内角**は $\dfrac{2n-4}{n}\angle\mathrm{R}$ $\left(\begin{array}{l}\text{正 } n \text{ 角形の中心と各頂点を結ぶ}\\ \text{と } n \text{ 個の二等辺三角形ができる。}\end{array}\right)$

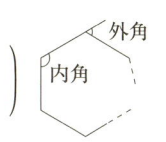

すべての**外角**の和は $4\angle\mathrm{R}$（4 直角）。

（問）紙テープ（箸袋，リボンなど）で，次のものが作れるか。
(1) 直角三角形　(2) 正方形　(3) ひし形　(4) 正六角形

円　1 点から等距離にある点の軌跡（集合）でできた図形で，次の代表的性質がある。また，円の一部として，弓形，扇形などがある。

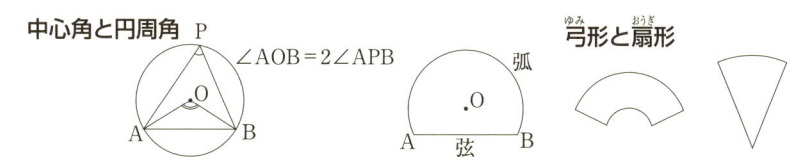

中心角と円周角　$\angle\mathrm{AOB}=2\angle\mathrm{APB}$

弓形と扇形

（注）**ラジアン**（弧度）　円で，その半径に等しい長さの弧に対する中心角を 1 ラジアンという。これは約 57° で π との関係で用いる。

円と直線　次のような色々な関係があり，円の性質の証明で利用する。

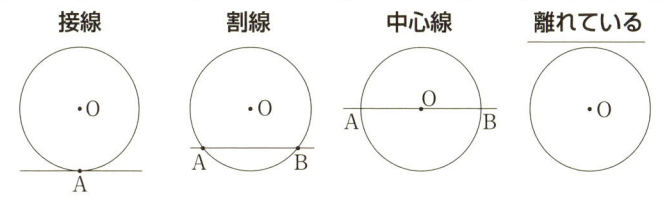

接線　　割線　　中心線　　離れている

2 円の関係　次の色々な場合がある。

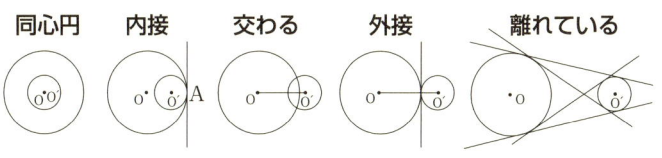

同心円　内接　交わる　外接　離れている

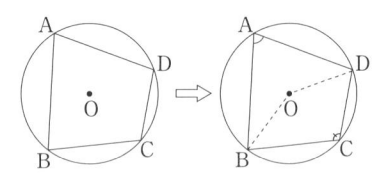

内接四角形 四角形の4つの頂点が円周上にある四角形を，**円に内接**するという。この四角形では，向かい合う角の和は，たがいに**補角**（加えて180°）である。
（注）加えて90°は余角という。

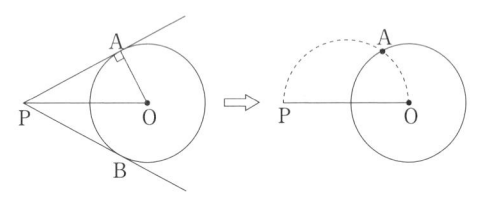

円の接線 円外の1点から引いた半直線が，この円周とただ1点を共有するとき，この点を円の接点という。この線は接線。この作図は，円外の点Pと中心Oを結ぶPOを直径とする円の円周と円Oとの交点である。

点A, Bは接点

共通外接線・内接線 2つの円のどちらにも接する直線をその2円の共通接線といい，2つの円が，共通接線の同じ側にあるとき共通外接線，その反対の側にあるとき共通内接線という。

共通外接線　　　　　**共通内接線**

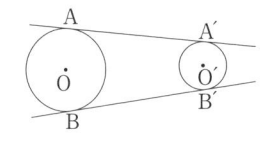

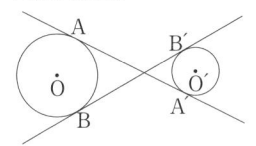

（問）共通外接線と共通内接線の作図法を示せ。

ヒント：OBは2円の半径の差。　　ヒント：OBは2円の半径の和。

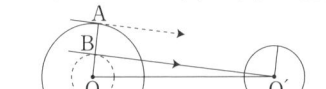

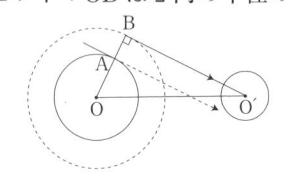

余談　日食と月食

日食とは，太陽を，月がかくし，地球が暗くなる現象。
月食とは，地球の影の中に月が入り，暗くなる現象。
2009年7月22日，皆既日食が鹿児島などの一部でみられた。次に日本でみられるのは2035年という。

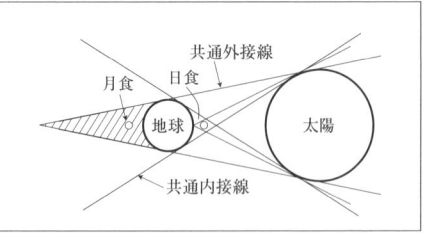

〔立体の部〕

多面体 いくつかの平面多角形で囲まれた立体で，ふつうは凸多面体のこと。

正多面体 合同な正多角形で囲まれた凸多面体で，すべての頂点に集まる面の数，立体角が等しい。これは次の5種類しかないことが証明されている。

正四面体　　正六面体　　正八面体　　正十二面体　　正二十面体

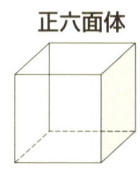

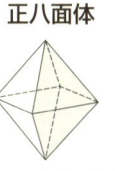

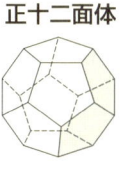

正多面体の双対性 各正多面体で，それぞれの面の中心を順に結ぶとき，

（正六面体）→（正八面体），（正十二面体）→（正二十面体）

など相互にその内部に他の正多面体ができる。これを双対性という。

正四面体は，内部に自分自身ができる。

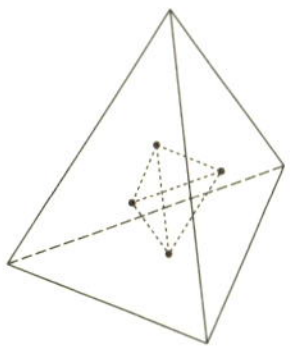

〔参考〕正六面体はふつうのサイコロ，正二十面体は乱数（P.80）を作るのに使用される。

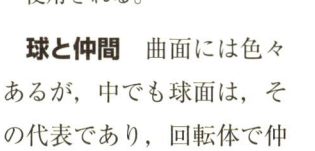

球と仲間 曲面には色々あるが，中でも球面は，その代表であり，回転体で仲間にも色々なものがある。

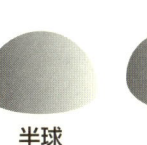

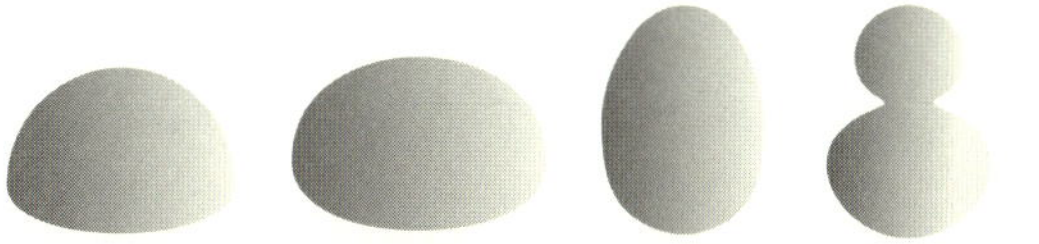

半球　　偏球　　卵型　　ひょうたん型

2球の関係 2円の場合と同様，次の色々な場合がある。

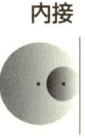

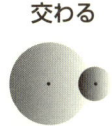

同心球　　内接　　交わる　　外接　　離れている

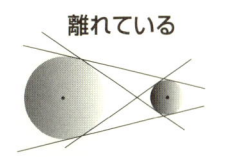

余談　正十二面体の発見物語

ピタゴラス学派では，門弟の発見もすべてピタゴラスの名で発表したという。正十二面体の発見は門弟のヒッパソスの発見で，彼は禁を破り自分の名で世に発表した。その結果，破門されその後，旅の船で溺死したという。

5種類しかない実証

個 面	正三角形	正四角形	正五角形
4	正四面体	—	—
6	—	正六面体	—
8	正八面体	—	—
12	—	—	正十二面体
20	正二十面体	—	—

3　作図法

作図の公法　"作図"とは目盛りのない**定木**とコンパスを使って図形を描くことで，それには8つの基本条件となる公法がある。(参考資料へ)

(注) 目盛りのあるものは**定規**という。作図では目盛りを使わない。

作図の器具　厳密には，定木，コンパスだけであるが，学校教育上や一般製図などでは種々の器具が使用される。

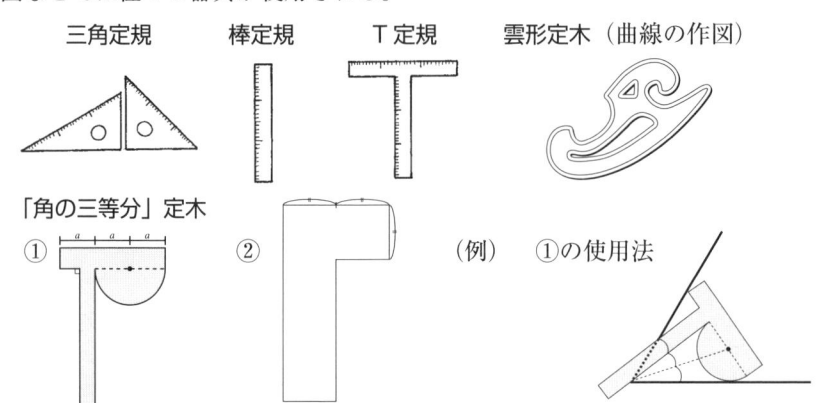

　　　三角定規　　　棒定規　　　T定規　　　雲形定木（曲線の作図）

「角の三等分」定木

① 　　　　　　② 　　　　　（例）　①の使用法

(注) 角の三等分は基本作図では，「作図不能」とされている。

(問) 任意の角を②の器具で，三等分する方法を示せ。

方程式と作図　一般に，一次，二次方程式の解を作図で求めることができる。a, b は線分の長さなので，$a > b > 0$ とする。

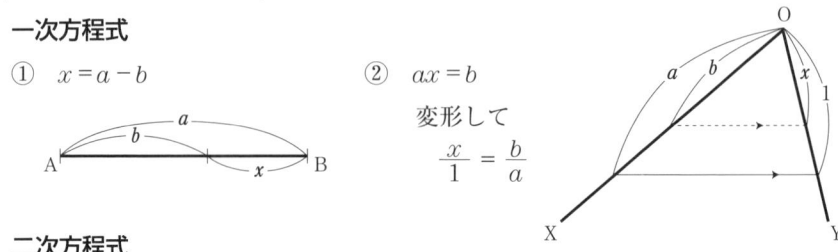

一次方程式

① $x = a - b$

② $ax = b$

　変形して
　$\dfrac{x}{1} = \dfrac{b}{a}$

二次方程式

① $x^2 + ax + b = 0$ $\Rightarrow$ $(x+a)x = -b$　作図不能
② $x^2 - ax + b = 0$ $\Rightarrow$ $(a-x)x = b$ ⎫
③ $x^2 + ax - b = 0$ $\Rightarrow$ $(x+a)x = b$ ⎬ 作図可能
④ $x^2 - ax - b = 0$ $\Rightarrow$ $(x-a)x = b$ ⎭

② $(a-x)x = (\sqrt{b})^2$ ③ $(x+a)x = (\sqrt{b})^2$ ④ $(x-a)x = (\sqrt{b})^2$

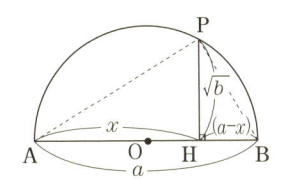

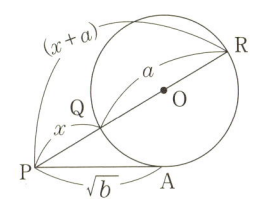

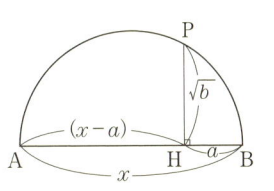

HB・AH = PH²　　　　PR・PQ = PA²　　　　AB・AH = PH²

（注）一般の三次方程式以上は作図できない。

合同・相似条件　合同は相似比が１：１の特殊なものと考えられる。

合同と合同条件

　２つの図形 F, F′ が移動によって重ね合わされるとき，F, F′ は**合同**といい，F ≡ F′ とかく。三角形の合同条件は，

① ２角とその間の辺が等しい。
② ２辺とその間の角が等しい。
③ ３辺が等しい。

相似と相似条件

　２つの図形 F, F′ で，一方を拡大または縮小して重ね合わせられると，F, F′ は**相似**といい，F∽F′ とかく。三角形の相似条件は，

① ２角が等しい。
② ２辺の比とその間の角が等しい。
③ ３辺の連比が等しい。

相似の位置（点 O は光源といえる）

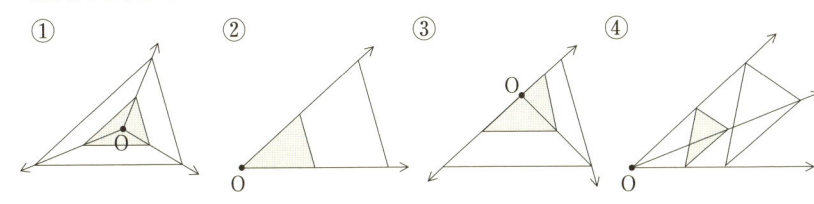

①　　　　②　　　　③　　　　④

平行・対称・回転移動と合成

①　平行移動　　　②　対称移動　　　③　回転移動

（注）合成は上の３種の移動を組み合わせて作るもので，壁紙や洋服，バッグの模様，図案などに使用されている。

4　平面と立体

立体物（三次元）を平面（二次元）で表わすには様々な工夫がある。

見取図　立体図形を，目で見たままの図で表わす方法で，これには等角投影図，斜投影図などがあるほか，右のような，見る位置（視点）からの図表現がある。

設計図　大きな建築物や家屋などを建築するために描いたもの。何枚をも1組とすることがある。構造図でもある。

断面図　船や自動車などの立体物を，ある面で切断した，その断面を示す図。これは，そのものの構造の一部を示す。

展開図　下に示すように，立体のある箇所から切り開き，その立体の表面の各部分がわかるようにしたもの。

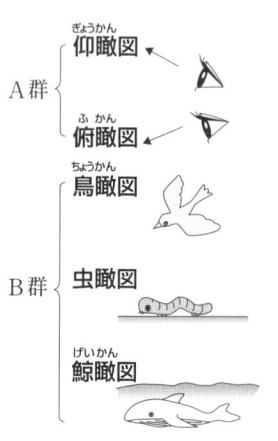

A群 ｛ 仰瞰図（ぎょうかん）／俯瞰図（ふかん）｝

B群 ｛ 鳥瞰図（ちょうかん）／虫瞰図／鯨瞰図（げいかん）｝

（例）

（注）**等角投影図**　3つの主軸がそれぞれ120°ずつの等角で交わっている面への投影図。

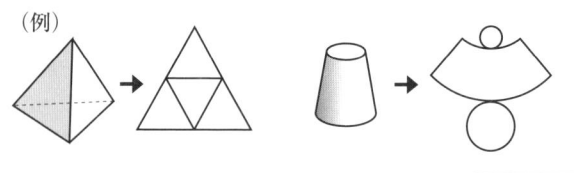

投影図　ある立体を，垂直に交わる3つの平面に右のように直角に投影し，それを切り開いて1組としたもの。

見取図：立画面・側画面・平画面　（切り開く）

投影図：立面図・側面図・平面図・基線

（問）立面図が長方形，平面図が円，側面図が三角形，つまり「四角，丸，三角」となる立体の見取図を描け。

5 求積法

〔平面の部〕

単位面積 閉じた図形，たとえば正方形，長方形，三角形，円などの囲まれた部分の広さを**面積**といい，その基本の広さを単位面積という。これには，$1\,cm^2$（1平方センチメートル），$1\,m^2$（1平方メートル）など色々ある。

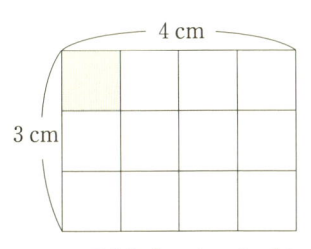

（注）縦 3 cm，横 4 cmの長方形の面積は $3\,cm \times 4\,cm = 12\,cm$ ではなく，$1\,cm^2 \times (3 \times 4) = 12\,cm^2$ とする。つまり，単位面積（$1\,cm^2$）がいくつあるか，という式が正しい。

基本図形の面積公式 基本図形は色々あるが，下のように長方形や平行四辺形に変形して公式を作っている。

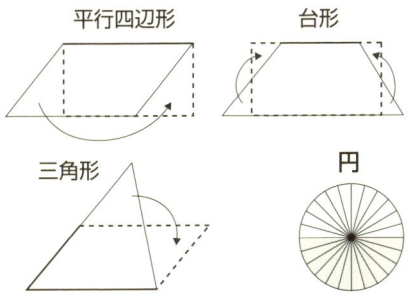

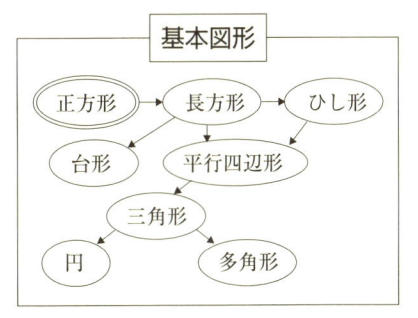

複雑図形の面積の求め方 直線図形は，三角形などに分解して求めることができるが，曲線図形の場合は近似値しか得られないのがふつうである。このときの求め方は，

○方眼の目数(右)を数える。
○近似図形を厚紙で作り重さを計る。
○ひもを敷きつめ，その長さを計る。
○その他

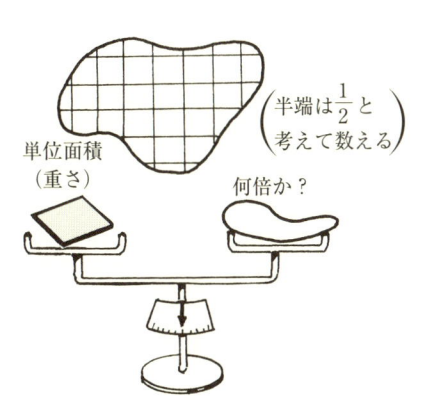

等積変形　図形の面積を変えず，作図法で形を変えることをいう。基本の作図は，下の三角形の等積変形による。

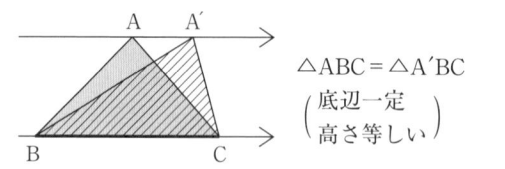

△ABC＝△A′BC
(底辺一定
高さ等しい)

〔発展〕点Ｐを通る直線で面積を二等分せよ。

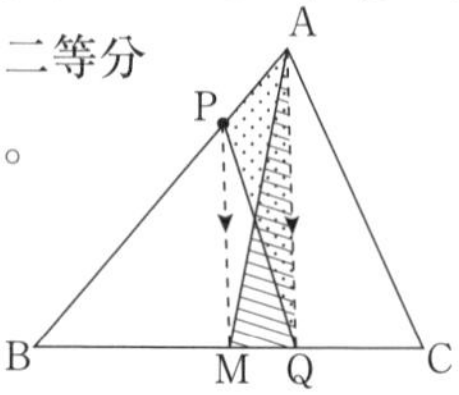

MはBCの中点

AMは△ABCを2等分している。
PM∥AQなので，
△AMQ＝△QPA。
よってPQが求めるもの。

A，B両家の境界として塀PQRがある。

今回点Pからの直線の塀に代えることになった。

両家の面積を変えないようにその直線を作図してみよう。

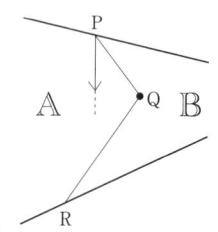

多角形を等積正方形に　例を五角形とすると，下のように等積変形をくり返して，正方形にすることができる。

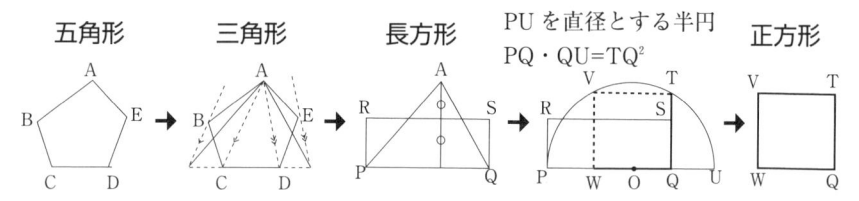

五角形 → 三角形 → 長方形 → PUを直径とする半円　PQ・QU＝TQ² → 正方形

（注）上は五角形を例にしたが，同じ手順で全多角形で可能である。

相似比の利用　相似形の2つの図形で，相似比が$1:a$のとき，**面積比**は，$1^2:a^2$となる。つまり，
（相似比）²＝面積比。

いま，右の正方形では，斜線の面積がAのとき，外側の面積は，
$1^2:2^2＝A:x$より，
4Aとなる。

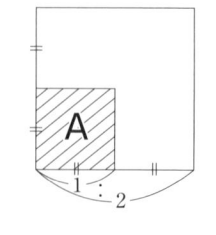

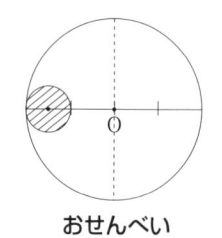

おせんべい

（問）ここに大小，相似のおせんべいが2枚あり，その直径の比は4：1である。小のせんべいが30円のとき，大のせんべいはいくらが適当か。

6 図的表現

世の中が複雑になり、また外国人の往来もふえ、日常使用の器具類など複雑化し、言葉による説明、解説より図的表現の方が簡潔、直観的で都合がよい場合が多い。どのようなものがあるか、身近から探してみよう。

交通標識(日本)　街の標識(フランス)　　空港の案内(ギリシア)

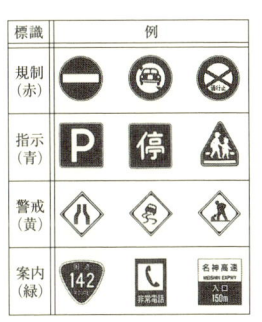

生活習慣病予防のための運動

歩行　　子どもと遊ぶ　　自転車

数学関連の図的表現

分類 / 次元	写実図 (絵)	距離図 (定量)	位相図 (定性)	その他 (形など)
一次元	絵グラフ 線分図	棒グラフ 折れ線グラフ 数直線	樹形図 対応図 構造図 路線図 ネット・ワーク	点図 形算図 流れ図
二次元	情景図	円,帯,柱状グラフ 座標 ダイヤグラム 三角網 相関図 断面図 展開図 投影図	ベン図 オイラー図 案内図 説明図 関連図 系統図	模様 教図 代数図 パスカルの三角形 パレート図 レーダーチャート カオス ハザード・マップ
三次元	見取図 鳥瞰図 虫瞰図 鯨瞰図 俯瞰図 仰瞰図	透視図	モデル図 ネット図	
一次元～三次元	実物図 (写真)	幾何図形 ベクトル	時間地図 カタストロフィー	フラクタル (コンピュータ・グラフィック)

7　図形の変換

変換　数学上で広く用いられる用語で，点を他の点に移(写)したり，図形を他の図形に移(写)したりすることである。

図形については，合同，相似，アフィン，射影，位相の各変換がある。

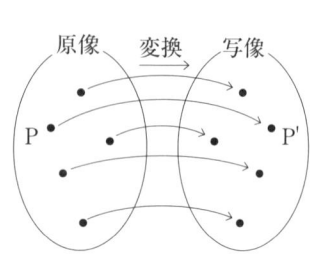

合同変換　1つの図形に**平行光線**を当て，平行平面で受けて，元の図形と合同になるようにする変換をいう。押した「印」は合同変換。

アフィン（擬似）変換

1つの図形（正方形）に平行光線を当て，長方形，平行四辺形に変換するものをいう。

（例1）太陽の光が窓を通し，廊下に写った変換。

（例2）交通標識の1つで，道路上に細長い文字や数字を描いたもの。車の高さや速度によっては正常に見える。

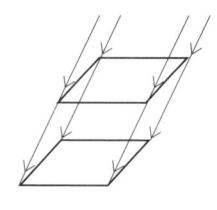

斜めの平行光線
（例1）

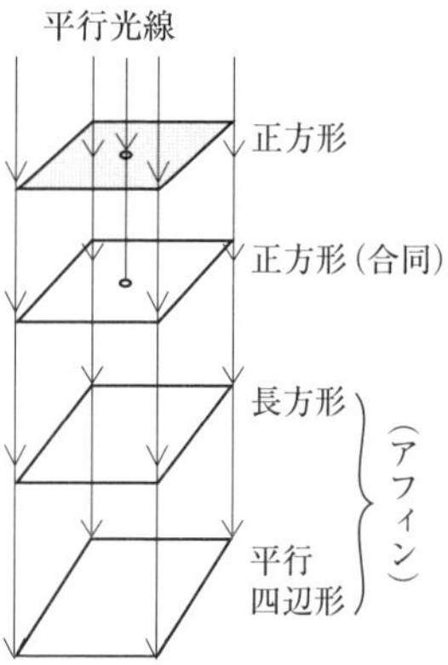

受ける平面が斜め
（例2）

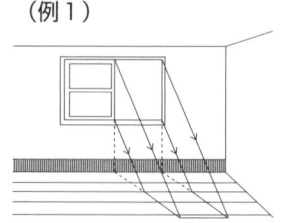

よく見る道路標識

相似変換　1つの図形を，**点光源光線**でその図形と平行な面に写す変換をいう。

拡大・縮小のコピーは，まさに相似変換。

説明のためにスクリーンに写したプロジェクター（幻灯器）の原画と像も，ペンキ屋が看板を描くときの作業も相似変換の利用である。

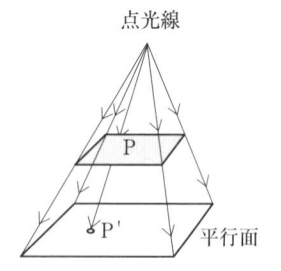

V 基礎図形　47

射影変換　相似変換と同様，点光源光線によって写す変換であるが，それを受ける画面が平行でないものである。

これは大きく高い銅像などを造るとき，人間の視点からは，相似変換ではなく，射影変換の方が自然の姿になる，など実用性もある。

位相変換　長さ，角度，面積などの計量を捨て，線のつながりや点の並びだけを保存した変換である。湖面の月影，鉄道，バス路線図など身近にみられる。

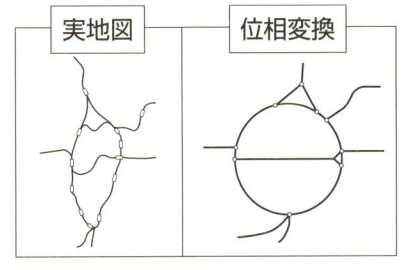

（注）天気予報の日本列島の変形図。

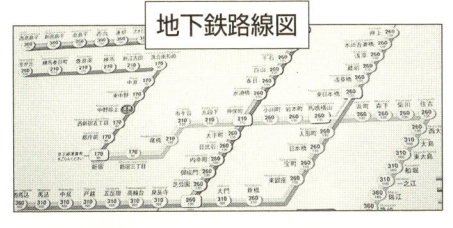

（注）位相については P.55 以降参照。

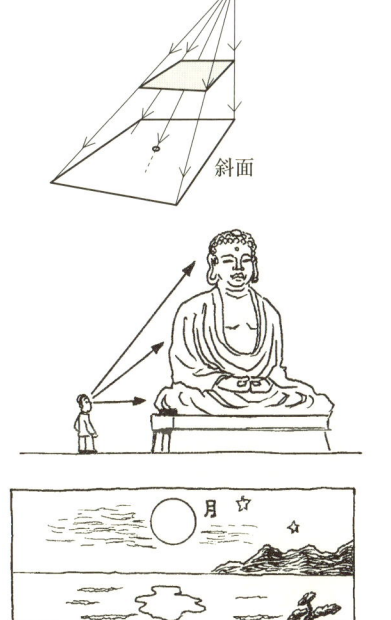

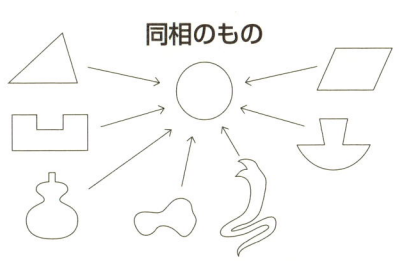

| 余談 | **旅客機墜落の解明** |

1966年3月5日，イギリスの旅客機が，富士山近くで乱気流にあい墜落した。遺留品の中に，最後の瞬間を写した撮影機のフィルムに山中湖がみられ，これをもとに射影変換の考えを利用して，事故発生の位置と高度が求められた。

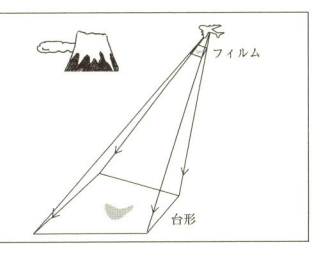

〔立体の部〕

単位体積 立体図形の**体積**は，平面図形の面積と同様，単位体積が何個あるか，というものである。単位体積としては，1cm³（1立方センチメートル），1m³（1立方メートル）など色々ある。

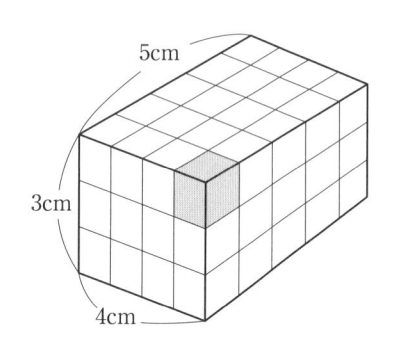

右の直方体の体積は，

$1\text{cm}^3 \times (3 \times 4 \times 5) = 60\text{cm}^3$ とする。

基本図形の体積公式 基本立体では，下のように**柱体**，**台体**，**錐体**，**球体**などあるが，同底，同高の場合，体積は，

$\frac{1}{3}$柱体＝錐体

（相似比）³×柱体＝台体

なので，柱体の体積が基本になる。主たるものは，

$V = a^3$（立方体）

$V = abc$（直方体）

$V = Sh$（角体）＊Sは底面積

$V = \frac{4}{3}\pi r^3$（球）

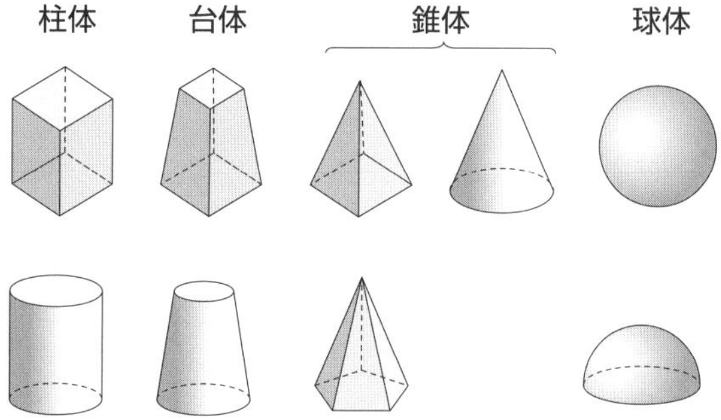

複雑図形の体積の求め方 平面図形とほぼ同じ方法が用いられるが，その他として，右のような工夫がある。

ひもを巻く（関数）

底面の円を巻くひもの2倍の長さが必要

タルの体積（積分）

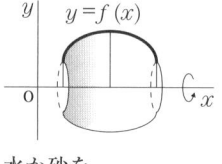

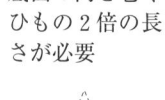

$y = f(x)$

水か砂を入れる

相似比の利用 立体で相似形の2つの図形で，相似比が1：aのとき，**体積比**は，$1^3 : a^3$となる。

（問）右の図で，円錐Aが10cm³のとき，円錐台の体積はいくらか。

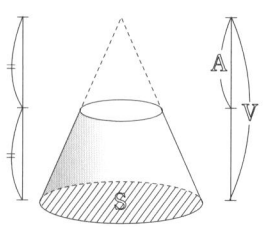

VI 色々な幾何学

1 ユークリッド幾何学

『原論』の誕生と内容 紀元前6世紀の古代ギリシアのターレス，それに続くピタゴラス以来300年間に多くの数学者たちが研究し蓄積した大量の資料をもとに，紀元前3世紀にユークリッドが13巻にまとめたもの。

通称『ユークリッド幾何学』と呼ばれる。

内容は右のようで，数論部分が $\frac{1}{3}$ 近くあり，誤解を受けやすいので『原論』の名がよい。

項目の概要	
1～4	平面図形一般
5，6	比例，相似
7～10	数論
11～13	立体図形

（注）参考資料へ

後世への影響 "学問の典型"といわれるほど，理論的に完璧であったため，別の形の幾何学が長く誕生することはなかった。それどころか，古代ギリシアが4世紀に滅亡後，それを引き継ぐ民族はなかった。その理由は「実用性がない」であった。しかし，約600年後アラビアで復元された。

（注）1970年以来の世界的な「数学教育現代化運動」のとき，多量の新内容を導入したため，古典の排除から「ユークリッドよ，出ていけ！」がスローガンになり，数学教育界から20年ほどはずされた期間があった。

非ユークリッド幾何学 その名の通り，「ユークリッド幾何学でない」ものであるが，では，どこが異なるか，というと，ユークリッド幾何学の「5つの**公理**」の中の第5番目と異なる公理をもつものである。

右の公理は，長く「短文にならないか」「定理ではないか」と考えられた。

（注）右の公理は，これと同値の文に変えられ「平行線の公理」とも呼ばれた。

第5公理

1つの直線が2つの直線と交わり，その一方の側にできる2つの角を合わせて2直角より小さくなるときは，それらの2つの直線をどこまでも延長すれば，合わせて2直角より小さい角のできる側で交わる。

その結果，これと同値なものとして次が考えられた。
- 平行線の公理（右）。
- 三角形の内角の和は2直角である。
- 四角形で3つの角が直角のとき，残りの角も直角である。

新公理 右上の「平行線の公理」に代わる公理とは，どういうものか。
- Ⓑ 平行線は**1本もない**。
- Ⓒ 平行線は**無数にある**。

の2つが考えられる。

ではこの新公理で，どのような幾何学が成立するか。

```
平行線の公理       Ⓐ
一直線 $\ell$ 上にない点P
を通って，$\ell$ に平行な直線
は，ただ1本だけ引ける。
```

〔参考〕他の4つの公理
(1) 点と点を直線で結ぶことができる。
(2) 線分を延長して直線にできる。
(3) 1点を中心にして任意の半径の円を描くことができる。
(4) 全ての直角は等しい（角度である）。

(注) 第5公理を除くと，上記のように全て短文，明快である。

19世紀に，Ⓑについてドイツの数学者**リーマン**，Ⓒについてロシアの**ロバチェフスキー**，ハンガリーの**ボヤイ**らが，新公理による『**非ユークリッド幾何学**』を誕生させた。これらを比較しやすくするために表にまとめてみよう。

名 内容	リーマン	ユークリッド	ロバチェフスキー ボヤイ
平行線	なし	1本	無数
面	凸面	平面	凹面
モデル	（注）球面幾何学		ベルトラミの擬球
三角形の 内角の和	180°超過	180°	180°未満
合同	あり	あり	あり
相似	なし	あり	なし

(注)「**直線**」とは面上の2点を結ぶ最短距離の線のこと。

2　座標幾何学

代数と幾何のコラボレーション　古代から数学は"数量"と"図形"の二大柱で発展してきた。学問として明確になったのは，

　（数量）⇒代数系…インドを主とした東洋圏　（小数文化）

　（図形）⇒幾何系…ギリシアを主とした西洋圏（分数文化）

　この二者のコラボレーションとして次のものがある。

　（数図）⇒三角法…中東アラビア（天文，他）

　数量と図形とのコラボレーションを最初に試みたのは，古代ギリシアの**ピタゴラス**で，その代表が『**三平方の定理**』。その他種々あるが，それについては後の**協力学**（P.89）でまとめることにしよう。

座標の考え　次に述べるデカルトの『座標幾何学』は，まさに，「代数と幾何のコラボレーション」であるが，それは"座標の考え"を土台としたものである。

　地図上に，座標の考えを導入した最初の人は，紀元前3世紀のギリシアの数学者，地理学者エラトステネス（素数を求める**エラトステネスの篩**の創案者）で，右上のような座標——経線，緯線入り——を示している。

　地図上の座標は，場所を明らかにするのに有用であるが，碁，将棋などの遊戯にも用いられている。

　数学上では，右のような座標平面が使用される。各象限内の点は，順に $(+, +)$，$(-, +)$，$(-, -)$，$(+, -)$ である。

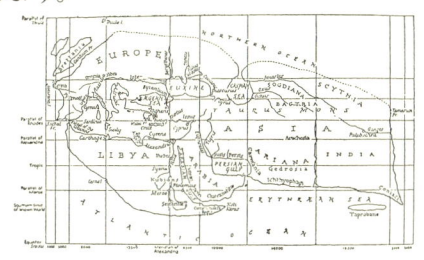

最初の世界地図

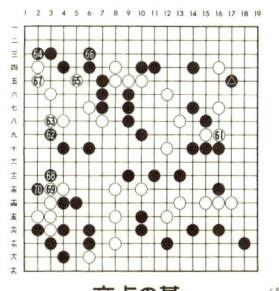

交点の碁

マスの将棋
（注）オセロなど。
（『写真植字』No.35, 写研）

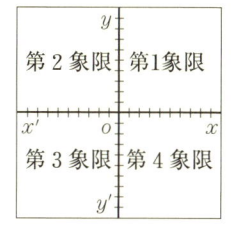

第2象限｜第1象限
第3象限｜第4象限

座標幾何学 別名，**解析幾何学**。これはフランスの数学者，哲学者デカルトが，ドイツ国内で戦われた"宗教戦争の最大にして最後の戦争"といわれた，『三十年戦争』に参戦し，ドナウ河での野営中のウタタネで「ヒラメイタ発想」といわれている。彼のヒラメキは，「複雑，難解な図形の証明」（補助線で解決するような偶然頼みのもの）を，機械的に処理できる方法の開拓である。

つまり，"図形を座標の上にのせ，代数的に解く"というものである。

座標
英　語で　co-ordinate
↓　　　↓
共に　　順序
日本語で　座　　　標
↓　　　↓
場所　　しるし

（例）平行四辺形の対角線は，たがいにその中点で交わる。

（証明）平行四辺形 ABCD を下のようにおく。

線分 AC の中点 M の座標は $\left(\dfrac{c+a}{2}, \dfrac{b}{2}\right)$。

一方線分 BD の中点 M′ の座標は $\left(\dfrac{c+a}{2}, \dfrac{b}{2}\right)$。

よって M と M′ は一致。

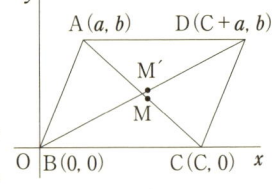

京都の市街（座標の代表）

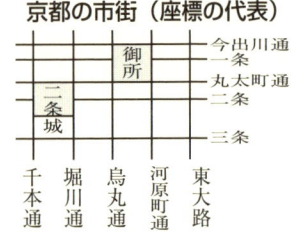

〔参考〕直線 $y=mx+n$　2点の中点 M $\left(\dfrac{x_1+x_2}{2}, \dfrac{y_1+y_2}{2}\right)$

円の方程式 $x^2+y^2=1$　楕円の方程式 $\dfrac{x^2}{a^2}+\dfrac{y^2}{b^2}=1$　など

極座標　座標幾何学の座標平面が**直角座標**であるのに対し，始線 OX を決め，任意の点 P の位置を OP=r，∠XOP=θ できめるもの。この座標 (r, θ) が，P の極座標という。つまり，平面上の点を示すのに，基準の点と直線の角度と長さで示す方法である。

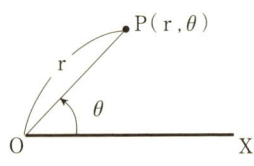

地図では O を中心とした同じ円

ベクトル　座標平面上に点 A をとり，x 軸上に正の向きに 3，y 軸上に 4 移動した点で，線分 AB に向きをつけ $\overrightarrow{AB}$ と表わす。

これを**有向線分**と呼び，A を**始点**，B を**終点**。また，AB=(3, 4) などと書く。

（注）ふつう AB+BC>AC だが，ここでは $\overrightarrow{AB}+\overrightarrow{BC}=\overrightarrow{AC}$。

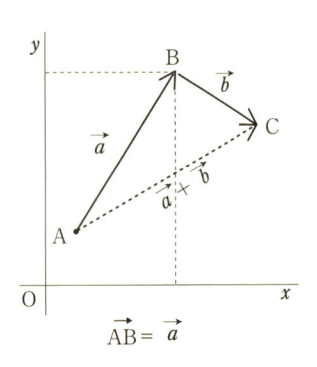

$\overrightarrow{AB}=\vec{a}$

3 画法幾何学・射影幾何学

遠近法 16世紀，イタリアのレオナルド・ダ・ビンチの描いた『最後の晩餐』の絵が，遠近法を代表するものとされる。1つの**視点**(消失点)で周囲を見るという手法で，その後の絵に大きな影響を与えた。

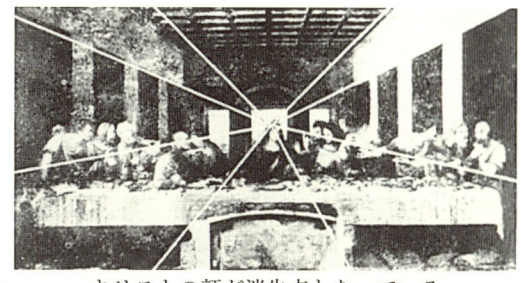

キリストの顔が消失点となっている

透視図法 遠近法による図法で，**中心投影法**ともいい，視点からの図形(もの)の投影図で，立画面を透視面とする描き方。
(注) 右の絵では，左側の男が，リュート(楽器)のヘリの各点にひもを押しつけ，右側の男がワクにとりつけた画板に対応する印をつけている様である。

『透視図法』による絵の制作

射影と切断 右上の絵を抽象図形にしたものが右のもので，点Pからの光を立画面Qで切断し，それを平面Rに投影した様である。

この見取図を平面にすると次のようになり，下の性質を見出す。

① 直線は，直線に写る。
② 一直線上の4点の**複比** $\dfrac{AC}{CB} : \dfrac{AD}{DB}$
などは不変である。

また，ここでは**無限遠直線**，**無限遠点**の考えが発生する。

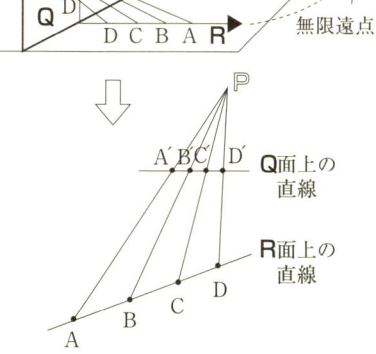

(注) "無限遠"の考えが入ると，**平行線**というものがなくなる。

(問) 上の図で Q, R 上の各点は対応するので，A′D′=AD となり，点の大きさ，あるいは個数に大小が生まれてくる。これはどう考えたらよいか。

画法幾何学　ルネサンス時代，フランスでは建築家デザルグ，数学者パスカルらが，絵画世界での透視図法を**数学化**，理論化する努力をした。後に軍隊の要塞設計師モンジュが，「いかなる方向からの大砲攻撃にも強い城塞造り」の作図による方法を考案した。

それまでには，たいへん複雑な計算によっていたので，革命的なものであったことから，"30年間，軍の秘密"とされたという。

〔参考〕強固な要塞設計ではミケランジェロの五星芒形のものが有名である。これは都フィレンツェを敵から守るため考案された。「敵のどの方向からの攻撃にも強い」という城。日本の北海道函館にある『五稜郭』(P.36)は，その流れを汲むものといわれる。

城

画法幾何学を代表するものが，**投影図**で，これは42ページ参照。

(問)　右の投影図から，この三角錐切断の見取図を描け。

射影幾何学　画法幾何学の創設者モンジュの弟子のポンスレが，モンジュの正射影的方法を，前ページの"射影と切断"の考えでまとめた幾何学である。つまり，図形の射影によって**不変な性質**を研究する。

右は**円錐曲線**であるが，直円錐の切断(P.115)の仕方によって，いわゆる**二次曲線**が誕生する。

円／母線／楕円／放物線／母線に平行／中心線／双曲線／中心線に平行

余談　**フランス三大幾何学者と戦争**

数学は，古代から農業，天文，通商，建造などとかかわって発達してきたが，残念ながら戦争とかかわって生まれた数学内容も右のように数々ある。

座標幾何学　デカルト　三十年戦争
画法幾何学　モンジュ　城塞建造
射影幾何学　ポンスレ　ロシアの捕虜
　　　　　　　　　　　収容所で研究する。
(注)　微分学　(弾道研究)

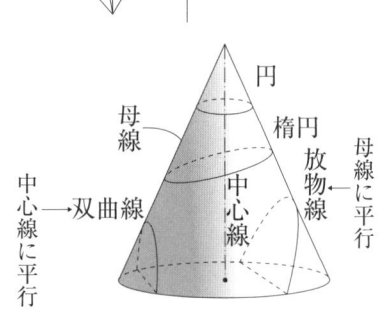

4　位相幾何学

位相という語　「図形の変換」(P.47) で，位相変換を説明した。

長さ，角度，面積などの計量を捨て，線のつながりや点の並びだけを保存した変換で，位相とは位置の形相の略。

英語ではトポロジー（topo-logy）という。

7つ橋渡り問題　1730年頃ドイツ領ケーニヒスベルク（現ロシア領カリーニングラード）の街では，次の"やさしい難問"が話題になり，カントの思索の地だけに，多くの人々が挑戦した。

「街の中心を流れるプレーゲル河にかかる7つの橋を，ただ1回ずつだけ渡って，すべてを渡ることができるか。」

しかし，誰一人これを解くことができなかった。これが後に『7つの橋渡り問題』として，有名になった。

問題の解決法　たまたま研究のためにこの地に来ていたスイスの数学者オイラーは，この問題に興味をもって取り組んだ。

彼はこの問題を解決するのに不要なものを捨象し，本質だけに目を向け，右のA〜Dの線図が描けるかどうか，を調べた。

右の①〜③で一筆描きができるものはどれか。

バルト海　港

現高架道　プレーゲル河　クナイプホフ島

◎筆者の宿泊ホテル
╌╌╌ は現高架道，他

捨象法
○ 河の幅や流れ，魚の有無などは無視。
○ 7つの橋について，鉄，木，石などの素材は考えなくてもよい。
○ 通る道順だけを考える。

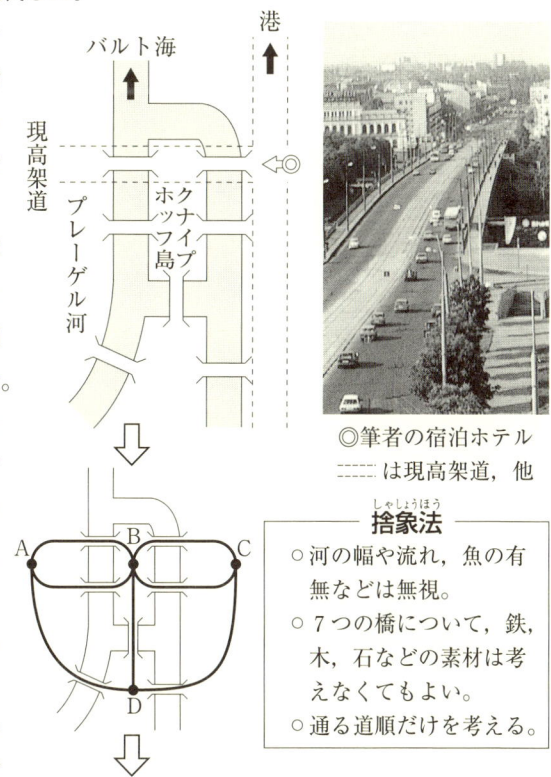

①BDを取る　②ACを加える　③BDを取り，ACを加える

一筆描きのルール　オイラーは図や絵などについて，"一筆描き"ができるかどうかのルールを作った。

それは，1点から出る線の本数にかかわりがあることに着目したものである。

（問）右の9つの図，絵，乗物の線図を，"一筆描き"の視点で分類せよ。

偶点，奇点　右上の図，絵などからわかるように，点，線でできていて，点に注目すると，1点から出る線の数が偶数本の場合と奇数本の場合がある。

偶数本の点を偶点，奇数本の点を奇点というが，一筆描きでは，この偶点と奇点が，描けるかどうかを決定する。

これは右のようで，オイラーはこのことから，『7つ橋渡り問題』が不可能問題であることを証明した。

オイラーの定理　ふつう**示性数（標数）**といわれるもので，多面体で，

（点の数）−（線の数）+（面の数）= 2

という定理である。

平面（二次元）では，示性数は1。

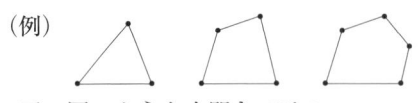

（例）

下の図のような穴開きでは0。

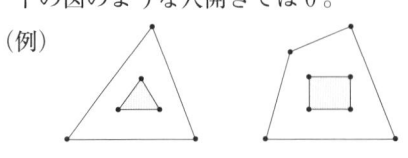

（例）

（問）立体（三次元）で穴開きの示性数は，いくらになるか。

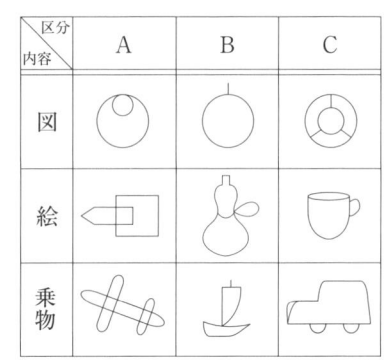

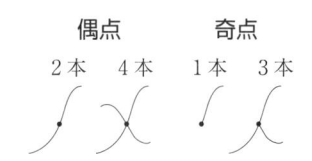

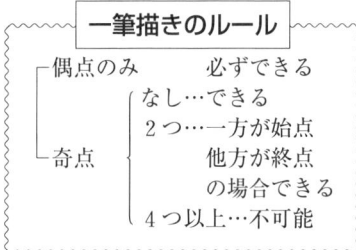

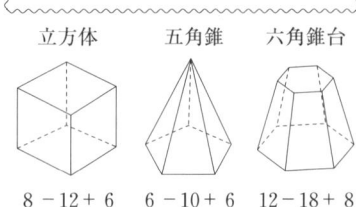

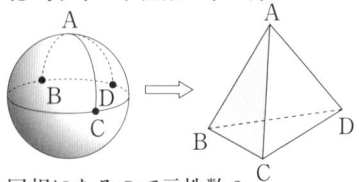

区分 内容	A	B	C
図			
絵			
乗物			

偶点　　　　奇点
2本　4本　1本　3本

一筆描きのルール
- 偶点のみ　　必ずできる
- 奇点
  - なし…できる
  - 2つ…一方が始点　他方が終点　の場合できる
  - 4つ以上…不可能

立方体　　五角錐　　六角錐台

8 − 12 + 6　6 − 10 + 6　12 − 18 + 8
= 2　　　　 = 2　　　　　= 2

〔参考〕球の示性数の求め方

同相になるので示性数2

VI　色々な幾何学　57

地図の塗り分け問題　18世紀頃からヨーロッパでは多くの国が独立し、地図作りが盛んになった。

印刷会社は、できるだけ色の種類を減らして経費を安くしようと工夫したのである。

これに目をつけた数学者たちの間で、「地図の塗り分け問題」が1つの研究テーマとなる。どのような複雑な地図も5色あれば十分なことは証明されたが、4色で塗り分けられるもののその証明はできなかった。

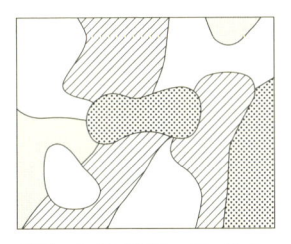

(注) 1点で接しているところは同色でよい。

(注) 20世紀、アメリカの2人のコンピュータ学者が、2000種類に分類した地図について**シラミツブシ法**で当たり、「**4色で可能**」を**実証**した。(非公認)

メービウスの帯　ドイツのトポロジー学者メービウスの考案したふしぎな面で、テープを1ひねりして両端を合わせたベルト状のもの(帯)。"裏表のない紙"として有名。その実証は、紙にエンピツで線を描くと、紙を裏返さないで元にもどる。

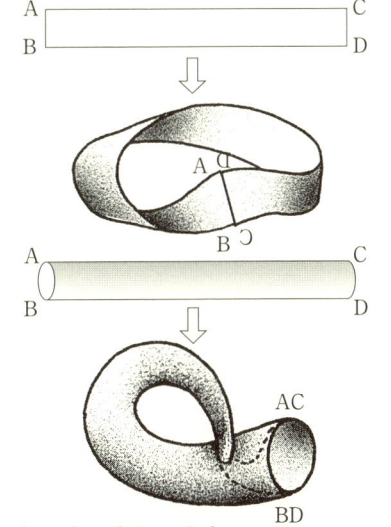

クラインの壺　同じドイツのクライン (数学教育者でも有名) は、長い筒状のものから、ボールのように面が閉じているのに、花瓶のように水が出入りできる壺を考案。

交通網・通信網・配線　工場からの製品をいくつもの販売店に配達するとき、道順の工夫でトラックが何台も少なくてすむ、など。

ひも手品　ロープ抜けなど、ふしぎなことができる。

余談　ユークリッド幾何学とトポロジー

学校の図形学とトポロジーの相異は大きく、なかなか思考を転換できないが、基本的な点は、右のことであることを学び取る必要がある。

(ユークリッド)		(トポロジー)	
棒	→	針金	(一次元)
板	→	ゴム膜	(二次元)
固体	→	粘土	(三次元)

Ⅶ 論理

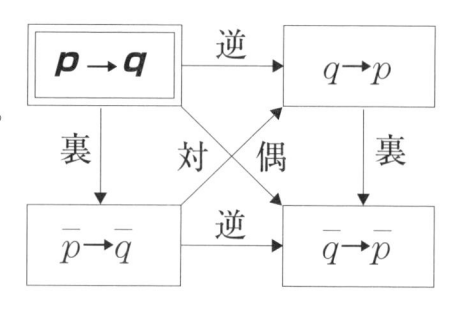

1 説明と証明

説得術 相手（集団も含む）に対して上手に語り，「ウン」と納得させる話術のこと。

この方法は色々あり，正しい論理によるものもあれば，あやしげなものもある。悪徳セールスマンなどが用いる方法の中には，論理よりも感情や心理を利用するものが多い。

新聞，テレビ，広告紙などでの品物販売の中にも非論理的なものもある。政治家などの演説にもある。

(注) (5)は「近所の人」「みんなが―」。
(6)は，テレビのCMなどくり返し放送し，それを定着させる。

色々な説得術	
(1) 論理による（論証）	証明
(2) 事実による（実証）	
(3) 共感による	相手に合わせる
(4) 満足感による	
(5) 集団心理の利用	強力なもの，第三者の利用
(6) 条件反射による	
(7) ことわざを用いる	
(8) 数字を並べ立てる	
(9) カリスマ性発揮	
(10) その他	

命題と逆・裏・対偶 命題「pならば，qである」で条件pを，この命題の**仮定**，条件qを**結論**と呼ぶ。上の命題が正しいとき，

$$\begin{cases} q \text{は，} p \text{であるための}\textbf{必要条件} \\ p \text{は，} q \text{であるための}\textbf{十分条件} \end{cases}$$

という。

(注) 二次方程式が2つの実数解をもつための必要十分条件はD>0。
命題「pならばq」（$p \to q$）に対し，右上のような**逆**，**裏**，**対偶**がある。

$p \to q$ —逆→ $q \to p$
↓裏 対偶 ↓裏
$\bar{p} \to \bar{q}$ —逆→ $\bar{q} \to \bar{p}$

〔参考〕対偶 $\bar{q} \to \bar{p}$ つまり「qでなければpでない」は，命題 $p \to q$ と同値なので，$p \to q$ の証明の代わりに $\bar{q} \to \bar{p}$ を証明してもよい。これを**対偶法**という。

2 推理

推理とその種類 推理には，大別して下の2つがある。

```
推理 ┬ 発見の方法 ┬ 類推（拡張的）
     │            └ 帰納（収束的）
     └ 証明の方法 ┬ 演繹 ┬ 直接証明
                  │(論証)└ 間接証明
                  └ 実証（シラミツブシ法など）
```

「クレタ人はウソつきだ」とクレタ人がいったとサ

三段論法 推論の代表的なもので，下が有名である。
（大前提）→（小前提）→（結論）の三段階で，ウムをいわせずに説得する論法で，もっとも一般的に用いられる。

大前提：人は死すべきものである。
小前提：ソクラテスは人である。
結　論：ゆえに，ソクラテスは，
　　　　死すべきものである。

これにもいくつかの形があるほか，類推で，四段，五段の論法もある。

正論と邪論 世の中には「似て非」なるものが多い。前ページの説得術（表）にも，使用の仕方では，正論のようで邪論，詭弁となっていくものもある。

三段論法でも，有名な国会議員が述べた右のようなものがある。

⬇ 一般形
$p \to q$　（人→死）
$r \to p$　（ソ→人）
―――――――――
$\therefore r \to q$　（ソ→死）

日本は世界一美しい国である。
瀬戸内海は日本一美しい。
よって，瀬戸内海は世界一美しい。
　　　　　某政党委員長

私の友人の友人はアルカイダだ。
某大臣

推論の土台 数学上の推論では，邪論が入らないように，色々厳密な部分がある。まずは使用する用語については**定義**されている。（ただし，現代では点や線など**無定義用語**（述語）がある。）

また，「問答無用」の**公理**。そして**基本性質**。証明の前段階の**仮定**，**結論**，そして証明され今後たびたび使用される重要な性質の**定理**などなど。すべて推論の基礎である。

3 直接証明

証明と方法 真であることが明らかないくつかの**命題**を使い，有効な推論によって，他の命題が真であることを示すことを証明といい，その方法には直接法と間接法とがある。

直接証明の例 問題によって，証明方法は色々あるが，基本的タイプは次の4段階がある。

(1)仮定 (2)結論 (3)証明 (4)吟味

その実例を右に示そう。

「仮定では問題の条件」

「結論では証明すべき事柄」

を明らかにする。続いて証明では，

○補助線の必要なときは，作図し，

○視点を明らかにしたいときは，斜線や墨などを入れ，

○証明を展開する途中では，いくつかの定理を使用し，

○正しい手順で推論を進めていく。

○最後に，この問題でさらに別の条件が考えられないか，の吟味をする。

○必要に応じて，それも証明する。

(問)「円周角は中心角の半分」の証明の吟味を，右の形でおこなえ。

数学的帰納法 別名「将棋倒し法」と呼ばれるもので，$n=1$ で成り立ち，$n=r$ で成り立つとして $n=r+1$ が成り立つことを証明する，という方法。「ペアノの第5公理」に基づいたものである。

証明例

〔問題〕底辺 BC を共有する三角形 ABC，A′BC で辺 AB，AC，A′B，A′C の各中点を順に M，N，M′，N′ とするとき，四角形 MNN′M′ は平行四辺形である。

〔証明〕

(仮定) 4点 M，N，M′，N′ は，辺 AB，AC，A′B，AC′ の中点である。

(結論) 四辺形 MNN′M′ は，平行四辺形。

(証明) 四角形 MNN′M′ で，中点連結定理 (p.35) により，

$MN \mathrel{\underline{\parallel}} \frac{1}{2} BC$
$M'N' \mathrel{\underline{\parallel}} \frac{1}{2} BC$ } よって $MN \mathrel{\underline{\parallel}} M'N'$

1組の対辺が平行で等しいので，この四角形は平行四辺形。

(吟味) この問題では右のような別の形の証明も必要。

4　間接証明

間接証明法　世の中には，裁判上よく目にするように，直接証明できないことが少なくない。こうしたおりは，間接的な証明によらざるをえないのである。これには右のような色々な方法がある。

反例　数学では，「ある命題が真である」ということは，1つの例外があってもいけない。このことを利用し，ある命題が真でない証明に利用するのが反例である。

（例1）素数は奇数である。<u>反例　2</u>
（例2）式 $f(m) = m^2 + m + 11$
　　　　は素数の式である。<u>反例 $m = 11$, 他</u>

同一法　ほんとうは同じものなのに，初め「別のなものと仮定して推論」し，結果として同一のものだ，とする論法。

（例）三角形の内心（内接円の中心）は，各頂角の二等分線の交点である。が，ふつう各頂角の二等分線が1点で交わることはない。

そこで証明法としては，∠A，∠Bの二等分線の交点Iを定め，線分ICが∠Cの二等分線になる，と証明する。

転換法　ある正しい命題で，仮定が「起こるすべての場合」をつくし，そのおのおのに「対応する結論」が，たがいに相容れないという形であるとき，その命題の逆も，必ず成り立つことを主張する証明法を転換法という。

代表的間接証明法
　○反例
　○同一法
　○転換法
　○対偶法（P.58）
　○背理法

（注）これらは「苦しまぎれの法」ともいわれる。

「人間は2本足で歩く動物である」
この逆の反例は鳥。

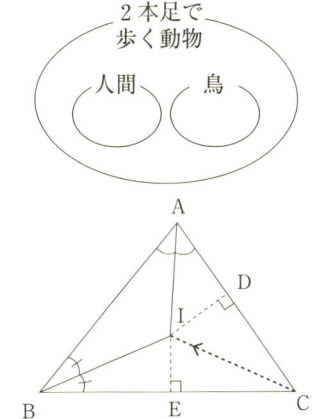

2本足で歩く動物 ⊃ { 人間, 鳥 }

（略証）補助線としてIからAC，BCへの垂線 ID, IE を引くと，
　△ICD ≡ △ICE
　よって∠ICD = ∠ICE
　つまり，ICは∠Cの二等分線

---
a, b の大小について
すべての場合をつくしている。
　$a - b > 0$ なら $a > b$
　$a - b = 0$ なら $a = b$
　$a - b < 0$ なら $a < b$
この逆の証明をする。

前ページの a, b の大小や右の図の辺, 角の大小, 弓形の内外など, 三種類だけでその他の場合がないとき, 逆の証明に用いるものである。

(注) **転換** の意味は, 弓形の場合,「∠P＝∠Q なら点 Q は円周上にある」の証明で, もし円周上でないとすると, 内部か外部となる。内部なら ∠P＞∠Q, 外部なら ∠P＜∠Q なのでだめ。「よって円周上」と, 転換する。

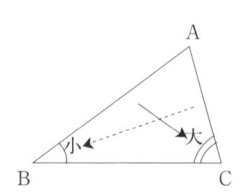

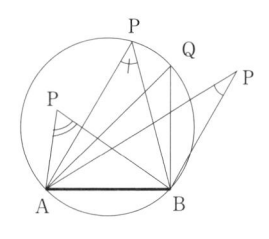

△ABC で
AB＞AC なら ∠C＞∠B
AB＝AC なら ∠C＝∠B
AB＜AC なら ∠C＜∠B

弓形 APB で点 P が
内部なら ∠P＞∠Q
周上なら ∠P＝∠Q
外部なら ∠P＜∠Q

対偶法 命題 $p \to q$ の対偶は, $\bar{q} \to \bar{p}$ である。これは **同値**（内容が同じ）なので, $p \to q$ の証明が難しいとき, $\bar{q} \to \bar{p}$ の証明をする, というものである。

つまり, 命題の仮定, 結論それぞれを否定し, 入れかえた命題。

(例1) a, b が実数のとき,
 $a + b > 0$ ならば a または b は正の数。
 [対偶] a も b も正の数でないならば,
  $a + b < 0$
 つまり, $a + b$ が 0 か負の数ならば
  $a + b \leqq 0$

(例2) 三角形の1つの辺の中点と他の辺の中点とを結ぶ線分は, 第3辺に平行である。
 [対偶] 第3辺に平行でないとするならば, その点は中点ではない。

背理法 帰謬法ともいう。まず結論を否定し, その前提で推論を進め, 矛盾や不合理を引き出す方法。これによって結論を否定した誤りから,「結論が正しい」とする。

(例)「円の半径は, 接線と直角に交わる。」
 このとき「直角に交わらないとすると」という結論の否定から推論をおこなう。

(注) 有名な "**アリバイ**" は間接証明法。

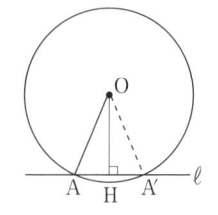

接線と直交する点 A が存在し, 半径が最短距離なので, 点 A の対称点 A′ が得られる。すると ℓ は円と2点で交わり割線となる。よって,「接線」の仮定に反する。

5　逆説・詭弁

パラドクス　逆説，逆理，二律背反などと訳されている。ある命題とその否定命題が，理論上，同等と考えられる論拠で主張。
「この2つの命題が成り立つことを示す推論で，誤りがあること」を述べられない2つの命題のことをいう。一言でいうと上手な詭弁(きべん)。

```
para-dox
覆す(おおう)　真理
　　パラシュート
　　　　パラソル
パラフィン　パラダイス
```

(例)　ある貧乏学生が高名な弁護士に「御指導を受けたい。ただ今はお金がないが，弁護士になった最初の報酬で月謝を払う」と約束した。この学生は弁護士になったのに，月謝を払わないので，彼を裁判に訴えて，Aのようにいった。一方，新弁護士はBのように語った。

A　私は必ず彼から月謝をとれる。この裁判に勝てば払われるし，負ければ，彼が最初の裁判で報酬を受けるのだから払うはず。	B　私はまだ月謝を払わなくてもいい。この裁判に勝てば払わないし，負ければまだ弁護士の報酬を得ていないから払わない。

(問)　A，B両者の間のパラドクスを見破れ。

日常生活の錯図　次のおのおのは有名なものである。

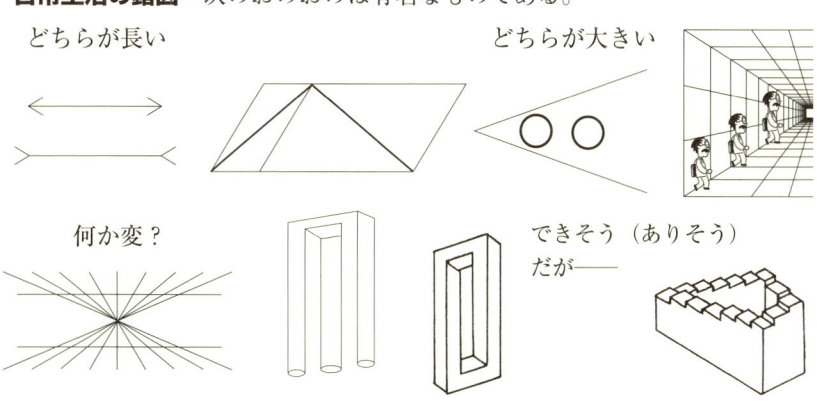

どちらが長い　　　　　　　　　どちらが大きい

何か変？　　　　　　　　　　できそう（ありそう）だが——

数式のパラドクス　この例は難易を問わずいくらでもある。数式の計算の場合，計算上の"基本ルール"を正しく使用しないことから起こることが多い。

（例1）　$15 \div 5 = 18 \div 6$
　　　　分配の法則により
　　　　　　$5(3 \div 1) = 6(3 \div 1)$
　　　　両辺を $(3 \div 1)$ で割って
　　　　　　　　$5 = 6$

（例2）　方程式 $2x - 3 = 3x - 2$
　　　　移項して
　　　　　　$2x + 2 = 3x + 3$
　　　　分配の法則により
　　　　　　$2(x + 1) = 3(x + 1)$
　　　　両辺を同じ式 $(x + 1)$ で割って
　　　　　　　　$2 = 3$

（例3）$1 - 1 + 1 - 1 + 1 - 1 + \cdots\cdots$ の答え

（解1）$(1 - 1) + (1 - 1) + (1 - 1) + \cdots\cdots$
　　　　$= 0 + 0 + 0 + \cdots\cdots$
　　　　$= \underline{0}$

（解2）$1 - (1 - 1) - (1 - 1) - (1 - 1) - \cdots\cdots$
　　　　$= 1 - 0 - 0 - 0 - \cdots\cdots$
　　　　$= \underline{1}$

（解3）$S = 1 - 1 + 1 - 1 + 1 - 1 + 1\cdots\cdots$
　　　　$S = 1 - (1 - 1 + 1 - 1 + 1 - 1\cdots\cdots)$
　　　　$S = 1 - S$
　　　　$2S = 1$　　よって　$S = \dfrac{1}{2}$

以上より，$0, 1, \dfrac{1}{2}$ の3種の解がある。

図形のパラドクス　1つの図形を切り，それを並べかえて形を変形しても面積が変わることはないのが常識であるが，図形の切り方，並べ方によっては面積が増加したり，減少したりするものがある。これが図形のパラドクスである。

（例1）正方形を長方形にすると面積がふえる。

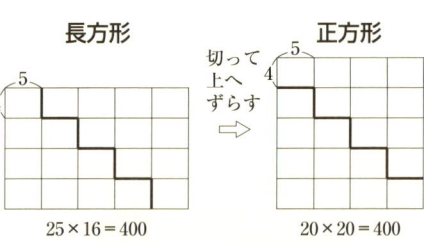

長方形　　　　　　　　正方形
　　　　　切って
　　　　　上へ
　　　　　ずらす

$25 \times 16 = 400$　　　　$20 \times 20 = 400$

形を変えても面積は不変

（例2）左右を代えるとボール（$1\,\mathrm{cm}^2$）が減る。

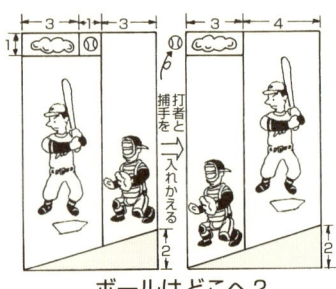

$8 \times 8 = 64$　　　　$5 \times (8 + 5) = 65$

打者と捕手を入れかえる

ボールはどこへ？

ふしぎな論理 （詭弁）

詭弁とは，「道理に合わない虚偽の推論」のことで，パラドクスの一部といえよう。これを含め，ふしぎな論理について考えてみよう。

カントールの同等　19世紀に『集合論』を創設したカントールは，無限に対して色々の挑戦をしたが，その中でふしぎな対応の1つが，「自然数と偶数の個数は等しい」というものである。

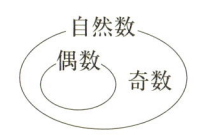

常識では，偶数は自然数に含まれるが，どちらも無限に対応できるので個数は等しい，という。（P.53の点の大小と同じ考え）

（注）このときは個数といわず**濃度**という。

自然数
　偶数　奇数

含まれる，しかし下によると

1　2　3　4　5　…
↓　↓　↓　↓　↓
2　4　6　8　10　…

無限に対応できる

ヒルベルトの客室　ヒルベルトは20世紀の天才数学者。

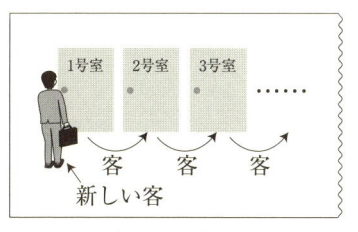

満室のホテルに客が来たが，支配人は次のように工夫して部屋を用意した。

「1号室の客を2号室に，2号室の客を3号室に，と順にずらし，あいた1号室に"新しい客"を入れる」（無限なので移動する最後の部屋のことは考えなくてよい）というもの。

1号室　2号室　3号室　……
　客　　客　　客
新しい客

（無限）－1＝（無限）
$\infty - 1 = \infty$

ネズミ講の破綻　日本では"講"は奈良・平安時代の各寺で始まり，江戸時代になると旅費などの積み立てや金融に利用されたが，悪質なものがふえ，昭和54年に『無限連鎖講防止に関する法律』ができて以来，禁止されている。この本質は**無限**。

右はその構成例で，新入会員は6000円支払うが，順位が上がり1位になると512万円を手にすることができる，という仕組み。

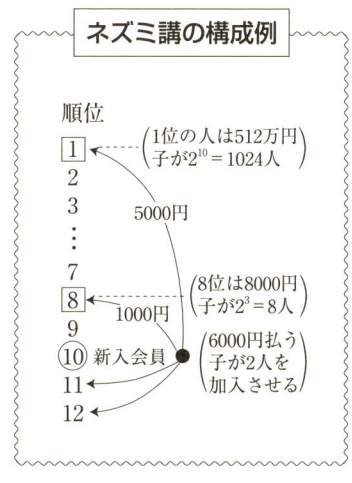

ネズミ講の構成例

順位
1　（1位の人は512万円　子が$2^{10}=1024$人）
2
3　　　5000円
⋮
7
8　1000円　（8位は8000円　子が$2^3=8$人）
9
⑩　新入会員　（6000円払う子が2人を加入させる）
11
12

（問）「すべての人が儲かる」理屈なのにどこが問題で社会問題になるのか。

死刑囚が無罪に！　昔，ある国では，死刑囚に"最後の一言"をいわせ，それが，「真実なら斬首刑，嘘なら絞首刑」と定めていた。(斬首刑の方が罪が軽い)

あるとき，悪知恵の働く死刑囚が最後の一言で「私は絞首刑にされます」といった。

裁判官は，彼の一言が真か偽かを考えた末，どちらにしても矛盾が起きることから，止むなく無罪放免にした，という。

斬首刑　　絞首刑

判断

真なら斬首刑　→　矛盾
偽なら絞首刑　→　矛盾
よって放免

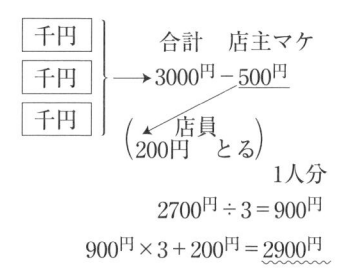

百円はどこへ？　友人3人が買物に行き，ゲーム器3000円を，1人1000円ずつ出し合って買い，店員に金を渡した。店長が，「少し古いから500円まけてやれ」といったのに，店員が，200円をポケットに入れ，1人100円ずつ渡した。結局友人たちは，2700円払ったことになるが，店員のポケットの200円を足すと2900円。さて，100円はどこへ。

千円
千円　　合計　　店主マケ
千円　→　3000円 − 500円
　　　　　　↓
　　　　　(店員
　　　　　200円　とる)
　　　　　　　　　1人分
2700円 ÷ 3 = 900円
900円 × 3 + 200円 = 2900円

世界2大逆説　人間社会5000年の間には，数々の逆説が生まれているが，最も有名なものが，

古代ギリシアの『**ツェノンの逆説**』(右)と，

古代中国の道教の荘子による『**天下編**』であろう。

『天下編』には21の命題があり，その中の「運動の否定」には，『ツェノンの逆説』と同類のものがあり，同時期に東西で誕生したことが興味深い。

（問）『ツェノンの逆説』を説明せよ。

ツェノンの逆説

1　アキレスと亀
2　二分法
3　飛矢不動
4　競技場

『天下編』

⑨　輪は蹍まず。(運動の否定)
㉑　1尺のムチ，日々その半ばをとれば万世尽きず。(二分法)
⑯　鏃矢の疾き，しかも行かず，止まざるの時有り。(飛矢不動)
⑲　白狗は黒し。(一様相の差別)

VIII 統計学

1 「数の表」から統計

古代の「数の表」 有名なエジプトのピラミッドは，古王国時代（B.C.2986〜2181），いわゆる第3〜6王朝の頃，多数建造された。これは，後世「ピラミッド時代」と呼ばれている。

ピラミッドの建造では，最大のクフ王の場合，
① 10万人が3ヵ月（農閑期）交代で20年近くかかった。
② 平均2.5トンの巨石が230万個使われた。

といった資料がある。

「数の表」の必要
○働く人の数 ○牛馬の数 ○これらの宿舎と食糧 ○石や木などの材料 ○労働日と賃金の支払い ○その他

（注）スネフル王のピラミッド建造中，傾斜急のため豪雨でくずれ，数千人が死亡したという伝説もある。

建造においては，膨大な人間，物資が必要で，ふつうに考えても上のような「数の表」が不可欠であったはずである。

中国の**万里の長城**は，何代にもわたって造られたとはいうものの，やはり「数の表」は存在していた。

（注）最西端の城門「嘉峪関（かよくかん）」の建造では，設計師がすばらしく，何千万のレンガを使用しながら，完成のとき，"レンガが1個残っただけ"という伝説がある。

こうした**「数の表」**に対して，数学では**統計**とはいわない。

生活の中の「数の表」 区報・町報などでの区民税，町民税の使い方の説明や庶民の家計簿などでも，区分けした費用項目の「数の表」が作られている。

これらもまだ，統計とはいわないのであろうか。右の場合，**円・帯グラフ**で表わしたり，月々の変化を**折れ線グラフ**で表わしたりしたらどうなのか。

庶民の家計簿
食費　　○円（○%） 住居費 教育費 交際費　　（略） 被服費 医療費 その他

『統計』の誕生と発展　「統計」の語は中国伝来であるが，もとは statistics（語源は国家）の訳であり，国家のことから始まる。

これが単なる「数の表」から学問になるのに2つの道があった。17世紀伝染病で悩まされたイギリス，「三十年戦争」（1618～1648年）で，国勢のおとろえたドイツの両国での誕生である。

イギリスでは，外国の物資と共に運ばれた，種々の伝染病がロンドン市に広まり多数の死者が出たのに対し，商人のグラントが，市が毎年発行する「死亡表」を60年さかのぼって集め，その資料から傾向を発見し，対策を述べた。

彼は1662年『死亡表に関する自然および政治的観察』という本を出版したが，これが**『社会統計学』**の始まりである。

一方，同時期，**ドイツ**では，キリスト教の新教と旧教との争いに，近隣諸国が参戦して30年間戦火に焼かれ，ドイツ国内で人口 $\frac{1}{2}$，動産 $\frac{2}{3}$ 以上の被害を受けた。この復興に立ち上がったのが経済学者のコンリングで，全国民に対して種々の調査を行い国力を調べて『国勢学』の研究をまとめた。これが**『国勢統計学』**の出発点である。その後，それぞれ別の方向に発展したが，ここで学問としての『統計学』の基礎ができた。

つまり，たくさんの「数の表」という単なる数の集まりから，同種のものの変化や傾向，性質を読み取る学問が『統計学』なのである。

資料の整理　同種のものについて集めた資料をどう整理するか，が統計の第一歩になる。いま，ある学校の運動部で，部員の視力調査を行ったあと，**度数分布表**を作ることにした。まず**階級**と**階級の幅**を決め，それぞれに**度数**（人数）を書き入れる。これが分布表である。これをもとに作ったグラフを**ヒストグラム**という。

（注）度数は，正，卌，☐で記してもよい。

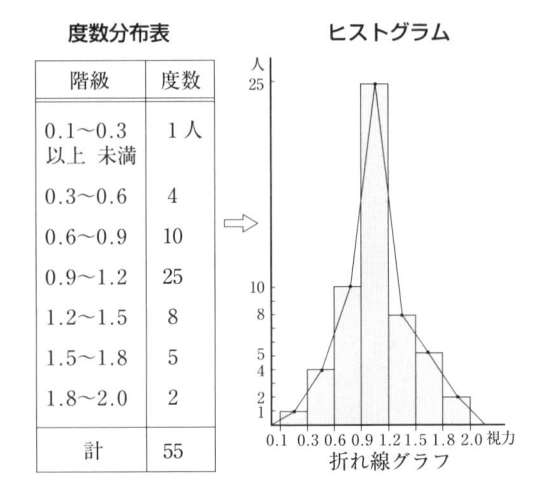

度数分布表

階級	度数
0.1～0.3 以上　未満	1人
0.3～0.6	4
0.6～0.9	10
0.9～1.2	25
1.2～1.5	8
1.5～1.8	5
1.8～2.0	2
計	55

ヒストグラム

折れ線グラフ

2 グラフの活用

変化・比較・割合 何かの目的で調査をし，多くの資料を得たあと，それを1つの資料にまとめたり，分布表などで表わしたあと，もっと「一目でわかる方法」が必要とされることが多い。このとき，資料の種類，内容によって，次の3つの方法が考えられる。

(1) **変化のグラフ** ある人の身長の変化や毎年の生産量の変化などをみる。
　　これには，**折れ線グラフ**，**棒グラフ**など。
(2) **比較のグラフ** 他人との比較，県別の生産量の比較などをみる。
　　これには，**棒グラフ**，**絵グラフ**など。
(3) **割合のグラフ** 生活費の項目別割合や税金の内容別割合など。
　　これには，**帯グラフ**，**円グラフ**，**正方形グラフ**など。

グラフの例

折れ線グラフ　　絵グラフ　　円グラフ

色々なグラフ

実験式（近似グラフ）　　時系列予定表

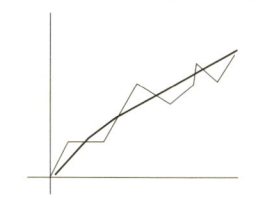

ダイヤグラム（電車，バスなど）　　生産品地図（ある特産物）

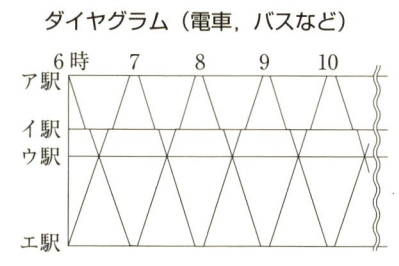

3　資料の解釈・判断

代表値　集めた資料を表やグラフにまとめることも必要であるが，A，B両クラスの成績の比較や県別のある生産品の量の比較などでは，1つの数値で表わしたものがある方が便利であり，傾向，特徴がわかりやすい。その値のことを**代表値**といい，次の3種類がある。

平均値（ミーン）　右の計算で値を求める。

　　もっとも一般的代表値であるが，極端な数値があると値が大きく影響される。

$$\frac{\text{全資料の数値の和}}{\text{全資料の個数}} = \text{平均値}$$

体操関係のスポーツでは，7人の審査員で，採点順の両端の2人分を除き，5人の採点の平均値を得点としたりしている。

最頻値（モード）　資料を，その度数でみたとき，度数の最も多いものの値を最頻値という。最頻値が2つ，3つあっても決めるのに困ることはない。

　　既製品の衣料品，帽子，靴などの製作ではこれを利用する。

中央値（メジアン）　資料の数値を，大小の順に並べたとき，それのちょうど中央にあるものの値のことをいう。個数が偶数個のときは，両者の平均を使う。例えば，クラスの生徒の身長で160cmと162cmの人数が同数のとき，この平均の161cmとする。

〔参考〕**仮平均**　平均をとるのに，簡略のため仮の平均を考えること。

加重平均　重みつき平均といい，1つの数値に対しいくつも個数が付いているものの平均をいう。

散布度　資料の散らばり具合を示す度合いで，次の方法がある。

　範囲　資料の最大値と最小値の差。

　四分偏差　資料を大きさ順に並べ，小さいほうから $\frac{1}{4}$，$\frac{3}{4}$ を Q_1，Q_3 とし，$Q = \frac{Q_3 - Q_1}{2}$

　平均偏差　各資料とその平均値との差の値からのもの。

　標準偏差　偏差の2乗の平均の正の平方根，つまり

$$\sqrt{\{(\text{偏差})^2 \times (\text{度数})\text{の和}\} \div (\text{総度数})}$$

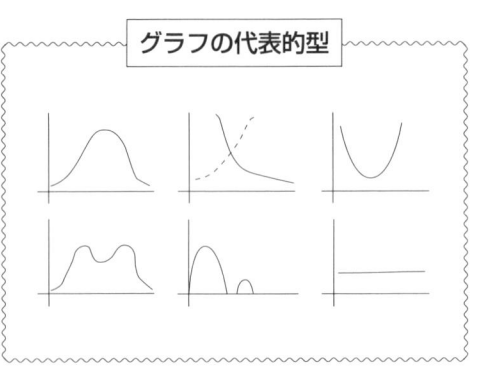

グラフの代表的型

4 相関関係

相関表 2つの資料の度数分布表を1つにまとめて、その各数値の間の関係を表わした表をいう。

正・負の相関関係 2つの資料の間で、
- 一方が増加すれば他方もだいたい増加、は**正の相関関係**
- 一方が増加すると他方はだいたい減少、は**負の相関関係**

があるという、**傾向**のある関係である。

左右視力の相関表

左目\右目	0.8	0.9	1.0	1.2	1.5	2.0
2.0					1	2
1.5					3	
1.2			1	5	1	
1.0		1	2	4		
0.9		1	2			
0.8	2					

⇩ グラフにする

相関図

相関図 相関表から作られた図を相関図という。これには、次の5種類がある。

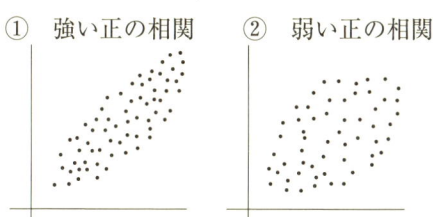

① 強い正の相関　② 弱い正の相関

③ 強い負の相関　④ 弱い負の相関　⑤ 相関関係なし

相関関係具体例 上の①～⑤についての具体例。

① 両親の身長とその子どもの身長。
② 家庭での勉強時間量と学校の成績。
③ ある魚の漁獲量とその値段。
④ 開花期の長雨と稲の収穫量。
⑤ 運動能力と絵画・音楽などの趣味の数。

(注) 比例、反比例に似ているが、これは「関数」でなく、「関係」なので注意しよう。

5　統計学の社会的利用

グラフの悪用　各中間・学期末に学級順位が発表されたところで，成績の落ちたある生徒が，グラフの横軸を引き伸ばした図を親に示し，成績下降を目立たないようにした。

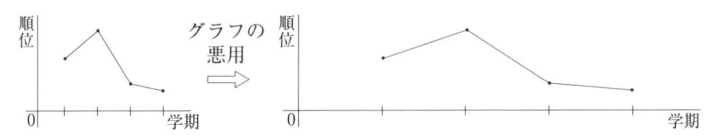

これは，会社の営業マンの成績などでも同様。成績上昇をきわ立たせたいときは，縦軸を引き伸ばす。

グラフで見抜く　戦時中のドイツで実際にあったこととして伝えられている話である。グラフの有効性の応用例。

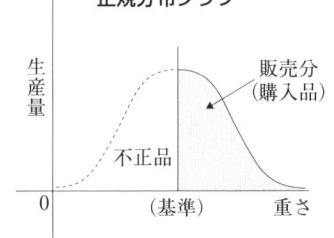

食糧統制で，配給のパン1個の重さが決められていたが，悪徳パン屋が不正をし重量の少ないパンをまぜて販売していた。

それに気付いた統計学者が注意すると，以後この学者には基準以上の重さのパンを売った。しかし，多量の生産では重さがほぼ**正規分布**することを知っていた学者は，自分の購入品が右の図の墨色の中にあることを発見し，パン屋が依然として不正をしていたことを示し，反省させた，という。

地震原因の発見　ダムの高さ(堤高)で日本一といわれる有名な黒部第4ダムでは，これの完成後，しばしば小地震が起こり，近隣の人を心配させた。

その原因を探るため，種々の調査をして右のグラフを得た末，1つの結論を出し，"一件落着"したという。

(問) このグラフから，どのような判断をし，結論を得たのか。

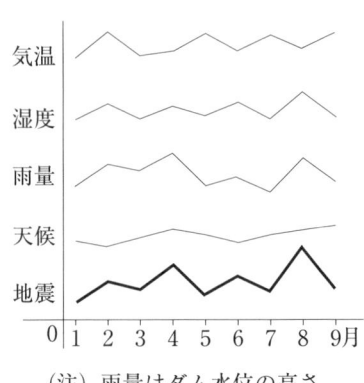

(注) 雨量はダム水位の高さ。

IX 確率論

1 確率の誕生

船員の賭博 西欧の大航海時代（15〜17世紀）は，地中海を知り尽くしたイタリア船員の活躍から始まった。彼らはたくましい船員魂で，未知の大海，大西洋へと勇躍船出した。時に難破して死ぬこともあるが，時に大収穫で一攫千金ということもあった。こうした生活とラテン系民族の陽気さから帰国後は，賭博にあけくれする生活になった。

（注）"賭"は賭け事で自分の意志のかかわらないもの，"博"は博戯でトランプのような競技者の行為で勝負が決まるもの。

偶然の数量化 宝くじはもちろん，色々な勝負事などの結果は多くの場合，偶然に支配されることになる。しかし，事柄によっては多くの事例の収集やゲーム，競技などの特徴などを考察することにより，数量化し，偶然を支配できるようになる。賭博師の中には数学に強い人もいて，しだいに賭博も数学化するようになった。「不規則性をとらえる」こうした**傾向**から，確率の初歩が誕生したのである。

2 場合の数

順列・組合せ 偶然の数量化のためには，次の2種類がある。

順列とはいくつかのものを，ある順序で1列に並べること。

（例）$\{a, b, c, d\}$ から3個を取り出す順列は，a が先頭で (a, b, c), (a, c, b), (a, b, d), (a, d, b), (a, c, d), (a, d, c) あり，b, c, d を先頭にしたものはそれぞれ6通りあるので，$4 \times 6 = 24$通り。

（注）これを，$_4P_3$ と書く。P は Permutation（順列）の頭文字。

組合せ 順列では1列に並べる「数」を問題にしたが，組合せは「組」を問題にする。つまり ab と ba は同じものと考える。

（例）上の例を使うと，組合せでは (a, b, c) と次の5つ $(a, c, b), (b, a, c), (b, c, a), (c, a, b), (c, b, a)$ は同一のものとみるので「順

列の $\frac{1}{6}$」となる。よって24÷6 = <u>4 通り</u>。

（注）これを $_4C_3$ と書く。C は Combination（組合せ）の頭文字。

階乗　n 個の中から r 個とった順列を $_nP_r$ で表わすが，n 個の中から n 個とる順列は $_nP_n$ で，これは

$$_nP_n = n(n-1)(n-2)(n-3)\cdots\cdots 3\cdot 2\cdot 1 = n!$$

この $n!$ を n の**階乗**という。また，$_nP_r = \dfrac{n!}{(n-r)!}$ となる。

$_nC_r$ は $\dfrac{_nP_r}{r!}$，これより $_nC_r = \dfrac{n!}{r!(n-r)!}$ となる。

3　確率と確からしさ

確率の定義　ある試行を n 回くり返したとき，事象 E が e 回起こったとすれば，E の相対度数 $\dfrac{e}{n}$ の値は，n をじゅうぶん大きくすると，ほぼ一定の値 p に近づいていく（**大数の法則**）。この一定の値 p を，事象 E の起こる**確率**といい，記号 **P(E)** で表わす。

（注）記号 P は Probability（確率）の頭文字。$0 \leq P(E) \leq 1$

確からしさ　サイコロを投げたとき，出る目が $\begin{cases} 2 \text{の倍数が出る場合の数は} 3 \\ 3 \text{の倍数が出る場合の数は} 2 \end{cases}$ となり，「確からしさが違う（異なる）」という。また，硬貨2枚を同時に投げたとき，「2枚とも表」と「表，裏が1枚ずつ」とは，同様に確からしくない。

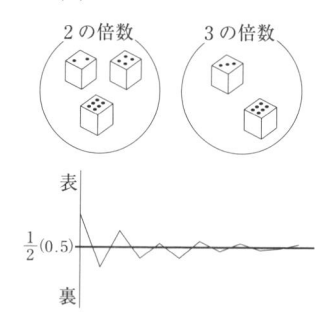

大数の法則　上記のようで，たとえばコインを投げたときの表，裏を調べるのに，多数回の実験をした結果を10回ごとにまとめてグラフにすると上のようになり，一定値（0.5）に近づいていく。これを大数の法則という。

数学的確率（理論的・先見的確率ともいう）　コインやサイコロのように，実験をしなくても得られる確率をいう。

経験的確率（統計的・後天的確率ともいう）　ビンのキャップの裏表や将棋の駒が立つ確率などは計算できず，多数回の実験によってのみ得られるなどの確率をいう。

4 期待値

期待値の定義 ある試行で起こった事象が, E_1, E_2, E_3, ……, E_n のいずれかで, ある変量 X がそれぞれ順に x_1, x_2, x_3, ……, x_n という値をとるとき, それらの値をとる確率が, p_1, p_2, p_3, ……, p_n ならば, 次の式を, 変量 X の **期待値**（または平均値）という。

$$E(X) = x_1 p_1 + x_2 p_2 + x_3 p_3 + \cdots\cdots + x_n p_n$$

ただし, $p_1 + p_2 + p_3 + \cdots\cdots + p_n = 1$

また, $P(E_1) = p_1$, $P(E_2) = p_2$ である。

（具体例）

商店の歳末大売出しで, 500円につき1枚, 右のような賞金のついた福引券がもらえる。福引券のいらない人には, 500円について25円ずつ割引くという。どちらが得か。

	金額	本数
特等	5000円	1本
1等	500	9
2等	100	90
3等	10	900
計	27500円	1000本

（解） 1枚の福引券の期待値を計算してみると,

$5000^円 \times \dfrac{1}{1000} + 500^円 \times \dfrac{9}{1000} + 100^円 \times \dfrac{90}{1000} + 10^円 \times \dfrac{900}{1000} = \underline{27.5}^円$

よって, 福引券の方が得。

（注）期待値は（総金額）÷（総本数）で求められ, 平均値である。この場合は**期待金額**ともいう。

期待値の計算 上の具体例は, 期待金額の代表的なものであるが, 期待値計算の問題にはカードや得点に関するもの, 負の計算が入るものなど色々ある。

（例1）

○×式テストで5問全部できると100点, 4問なら70点, 3問なら50点 2問なら30点, 1問なら10点である。このときデタラメに○, ×をつけたときの得点の期待値はいくらか。（答　40.6点）

（例2）

ある機械は製品の15%が不良品になる。良品は1個について200円の利益, 不良品は1個について50円の損をする。製品1個あたりの利益の期待値を求めよ。（答　162.5円）

5　確率の加法・乗法定理

排反事象　事象 E, F が共通の要素をもたないとき，たとえばサイコロで，「偶数の目」と「奇数の目」などでは，事象 E と事象 F とはたがいに**排反する**，または**排反事象**である，という。

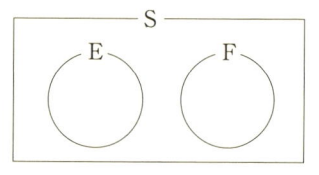

(注)　トランプで，「ダイヤ」と「クラブ」というのも排反である。

加法定理　事象 E, F がたがいに排反の場合，その確率は

$$P(E \cup F) = P(E) + P(F),$$

つまり確率の和で求められる。

　　ただし，一般の場合は重複があるので

$$P(E \cup F) = P(E) + P(F) - P(E \cap F)$$

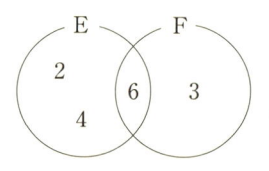

$E \cup F = \{2\ 3\ 4\ 6\}$
$E \cap F = \{6\}$

(例)　サイコロで目が「偶数 (E) または 3 の倍数 (F)」の確率は

$$\frac{3}{6} + \frac{2}{6} - \frac{1}{6} = \frac{4}{6} \quad (\text{目が } 2, 3, 4, 6 \text{ の 4 種})$$

独立・従属事象　いま，ジョーカーを除いた 52 枚のトランプで，1 枚を抜いてハートが出る事象 E，クイーンが出る事象 F，「ハートの 3」が出る事象を G とすると，事象 E と F で何らたがいに影響しないが，事象 G が起こる確率には影響を与える。つまり，E, F, G の間では，

　　E と F は**独立**である，または**独立事象**という。
　　E と G は**従属**である，または**従属事象**という。

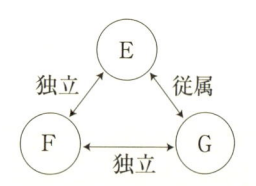

(注)　くじ引きで，最初の人の引いたくじをもどすとき，次の人は独立事象，もどさないとき従属事象。

乗法定理　「くじ」で，2 人が引くとき最初の人が当たる事象を E，後の人が当たる事象を F とする。このとき「くじ」をもどさない場合，F の起こる確率を**条件付き確率**といい，$P_E(F)$ で表わす。このとき，次の式

$$P(E \cap F) = P(E) \cdot P_E(F)$$ を乗法定理という。

(例)　白球 4 個，赤球 3 個の袋から続けて 2 個とり出すとき，2 個とも赤球の確率は上の定理より $\dfrac{3}{7} \times \dfrac{2}{6} = \underline{\dfrac{1}{7}}$

6　確率雑話

心の確率　18世紀イギリスの牧師ベイズが提案した『ベイズ確率』は，あらゆる可能性に対して事前に適当な数値を与え，新しい情報が入るたびに修正して真実に近づけていく方法。（「大数の法則」に近い）

ビル・ゲイツは「21世紀のマイクロソフトの基本戦略は，『ベイズ確率』だ」といっている。ただ，推定が主観的なので"心の確率"といえるという。

確率重視のモンテカルロ法　2006年にイタリアで開催された「コンピュータ・オリンピアード」で，モンテカルロ法を使ったフランスのプログラムが優勝したが，オセロ，チェスさらに囲碁，将棋など，対局の世界に，コンピュータの出現が多く，話題になっている。大胆な予想をするプログラマーによって腕がどんどん向上し，今後色々な話題が提供されるであろう。

（注）モンテカルロ法とは，カジノで有名なモナコの地名からきたもので，**乱数**を使い，確率的な立場から数学を解こうという考え方。

センター試験の平均点　大学入試センター試験では平均点の中間発表をおこない，ゲタをはかせたりする得点調整の可能性を検討した。右は教科ごとの平均点である。一部の資料によるので**抽出法**も問題になる。

各教科の平均点
（2010.1.20.発表）

科　目	平均点
世界史A	52.62
数学　Ⅱ	37.49
地学	69.69

くじを引く順　いまここに，「5個中に2個の当たりがあるくじ」で，先きに引くのと後に引くのとでは，どちらが有利かということを考えてみよう。

前（先）$\dfrac{2}{5}$

後 ① $\dfrac{2}{5} \times \dfrac{1}{4} = \dfrac{2}{20}$
　　② $\dfrac{3}{5} \times \dfrac{2}{4} = \dfrac{6}{20}$

よって $\dfrac{2}{20} + \dfrac{6}{20} = \dfrac{8}{20} = \dfrac{2}{5}$

右の計算により"同じ"であることがわかる。

（問）　3個のサイコロの目の和　和が9と10の場合を調べると下のように6種ずつである。しかし，多数回実験すると，和が10の方が多い。なぜか。

ヒント：(126) と (333) は同様に確からしくない（内容が異なる）。

和 9	(126) (135) (144) (225) (234) (333)
和 10	(136) (145) (226) (235) (244) (334)

(126) は順列の数が6組。(333) は1組のみ。

X 推計学と保険学

1 協力学の誕生

数と図形のコラボレーション 古代ギリシアの数学者ピタゴラス（紀元前5世紀）の三角数や三角錐数など（P.6）。また，図形の証明で，図形を座標平面にのせ，代数的に解く『座標幾何学』あるいは方程式で数式を解くなど，数学では，数と図形は別々の発展をしながら協力し合い発達してきた部分がある。

学問の分離と協力 5000年の歴史をもつ"学問の世界"では，色々な社会的必要から学問が誕生してきたが，後にそれが分離したり，合体して協力し合ったりなどしてきた。統計と確率からの『推計学』など今後もそれが続くであろうが，これまでの代表的な例をあげてみよう。

分離

哲学 ↗教育学　　天文学 ↗暦法　　錬金術 ↗化学　　など
　　 ↘心理学　　　　　 ↘航海術　　　　 ↘金属学

協力

地理歴史 →社会科　　音楽演劇 →ミュージカル　　外科医学・精密機械学 →人工臓器学　　など

2 推計学

『魔方陣』からの発想 『魔方陣』は古代中国で作られたパズル（P.14）であるが，このパズルの特徴は，「数の並びは**デタラメ**，しかし縦，横，斜め各3数字の和は**一定**」というふしぎな性質をもったもので，三方陣のほか，四方陣，五方陣，円陣，星陣など色々ある。

上の特別な性質「デタラメと一定」が，新しい学問の誕生へとつながっている。

（例）

三方陣

4	9	2
3	5	7
8	1	6

四方陣

1	15	14	4
12	6	7	9
8	10	11	5
13	3	2	16

ラテン方格 西欧での『魔方陣』に相当するもので，ラテン系民族（イタリア，フランス，スペインなど）が，右のような正方形（方格）の中に「A～Eの5文字を縦，横，斜めがかさならないように並べる」というパズルを考案したものである。

さて，右の四方陣ではどうか挑戦してみよう。

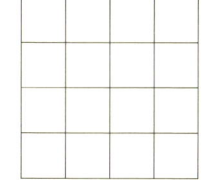

利巧な鳥 右のマス状に区切った畑に農夫が種をまいた。

すると間もなく，5羽の鳥が飛んできたが，利巧な鳥なので，農夫が鉄砲で撃ったとき，1発の弾で同時に2羽が殺されないように並んで種をたべた，という発展問題がある。

（問）鳥Aが，右へ1マス分移動したとき，他の4羽の鳥はどのように移動したらよいか。

農事研究 1920年，イギリスの統計学者フィッシャーは，農事研究で，農場に上の考えを導入し，『実験計画法』を創設した。

広い農場では日当り，水はけ，肥料の良し悪し，など場所によって条件が異なる。また農事研究では，たとえば小麦でも種々の種類があり，肥料も色々ある。いま，小麦の研究をしようとするとき，これら多数の条件をどう組み合わせるか，を考えると，1種の調査でもその結論を出すのに何年，何十年とかかる。

フィッシャーが考えた『実験計画法』では，農地を区分し，異なる条件が公平になるようにし，研究に長期間かけないで，効率の上がる実験をおこなったのである。彼はその後この研究をまとめた。

世論調査 以上の考えから，デタラメでかつ公平に人を選び世論の様子を調査する方法が世論調査である。この際，人を選抜するには**無作為抽出**が必要で，これは後に述べる。

五方陣

Ⓐ	B	C	D	E
D	E	Ⓐ	B	C
B	C	D	E	Ⓐ
E	Ⓐ	B	C	D
C	D	E	Ⓐ	B

3　母集団と標本

サンプルと抽出法　多量の資料からその一部（サンプル，標本）を抽出し，それを調べることによって，全体（母集団）を推測しようとする方法を『**推測統計学**』（推計学）という。一般にはこの一部である**標本調査**の語が用いられる。

（注）推計学の中には，標本調査の他，検定，信頼性，危険率などの内容がある。

標本調査の利用　この調査は，現代社会では広く利用されている。その代表的な利用目的は次のものである。

(1) 時間，手間，経費などの節約。
　　（例）国勢調査，センター試験などの中間報告。
(2) 大量生産品の抜き取り検査。
　　（例）缶詰や電球などの破壊検査。
(3) 川，海など無限に近いものに対する魚数，汚染度などの調査。

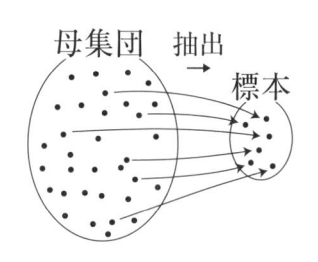

調査方法　13、14の両日、コンピューターで無作為に作成した番号に電話をかける「朝日RDD」方式で、全国の有権者を対象に調査した。世帯用と判明した番号は20086件、有効回答は3545人、回答率59％。

乱数サイコロ

（朝日新聞，2009. 6.16）

最近の世論調査では，NHKをはじめ，上のような「RDD」方式がとられ，かつて広く使用された無作為2段抽出法は，ほとんど用いられていない。

4　保険学

火災保険　イギリスのロンドン市で，1666年に大火があり，市内の $\frac{2}{3}$ を焼き尽くし1万3千軒が消失した。この再建案の中で『火災保険制度』が誕生したが，保険金の計算が複雑な課題で，これには統計と確率の協力が不可欠であった。1680年頃のことである。

やがてその10年後に**生命保険**が創設された。提案者はオックスフォード大学教授でグリニッジ天文台長である，有名なハレー彗星の発見者エドモンド・ハレーである。

XI 微分学・積分学

1 両学問の誕生

誕生の相異 高校の教科書の扱いでは，『微分学』の次の章として，『積分学』が並ぶが，参考書などでは『微分・積分学』とまとめて扱うなど，関係の深さや関連があることが予想される。

事実内容では，加法と減法，指数関数と対数関数のように，逆操作，逆関数なので，この両者は切りはなせない。ただ，**誕生史**は──

微分の発見は，15世紀オスマントルコの大砲攻撃の成功以来，戦争は大砲時代になり，有効な大砲の使用のための**弾道研究**が進み，ある時点での"**接線の問題**"へと発展していき，微分学へとまとめられた。17世紀になってのことである。

積分の着想は，微分とはいちじるしく異なり，教科書で章を並べる，という関連のものではない。遠く紀元前3世紀ギリシアのアルキメデスが，複雑な形の面積を求めるのに，右のように細分化し，部分の**面積の総和**として求めたことに始まる。

協力学 微分法と積分法とが逆関数（演算）であることを発見して，その理論や応用について研究する学問 **微分学・積分学**を創設したのが，17世紀の次の2人である。

○ ドイツのライプニッツ
○ イギリスのニュートン

余談　ゲルマン系とラテン系

ライプニッツもニュートンもゲルマン系学者である。ラテン系学者とでは，右のように研究する数学が大きく相異しているのが興味深い。

ゲルマン系	ラテン系
○計算法と計算記号	○メートル法，計量
○統計学	○確率論
○微分・積分	○幾何学

（15世紀以降の研究）

2　級数

数列の極限　"無限"については，古今東西多くの学者が挑戦してきた。

代表的な人物とその発展過程を示すと右のようである。

この**無限**の問題でも代数と幾何とが，カラミ合っているのが興味深い。

無限数列　$a_1, a_2, a_3, \ldots\ldots, a_n$ は $\{a_n\}$ で表わす。また無限大は記号 ∞ で表わす。

発展史	
デモクリトス	原子論
アルキメデス	積尽法
ガリレイ	短冊法
フェルマー	区分求積
カバリェリー	無限小幾何
ウオリス	無限小代数
パスカル	極限の考え

収束・発散・振動　無限数列にはこの3種類がある。

収束　$\lim\limits_{n\to\infty} a_n = \alpha$　　有限の極限値

発散　$\begin{cases} \lim\limits_{n\to\infty} a_n = \infty & \text{極限は} \infty \\ \lim\limits_{n\to\infty} a_n = -\infty & \text{極限は} -\infty \end{cases}$

振動　数列 $\{a_n\}$ の極限はない。

無限等差数列とその和　これは次のように表わされる。

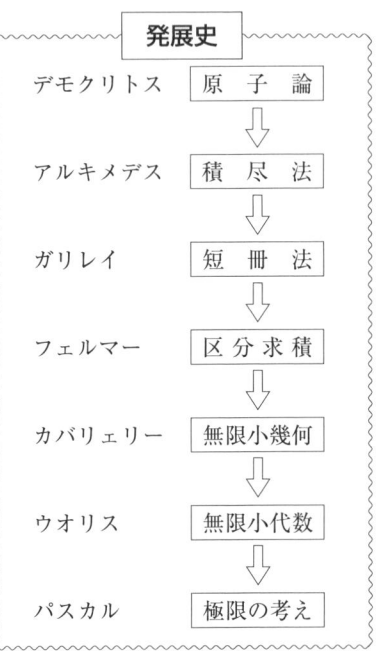

$$a + (a+d) + (a+2d) + (a+3d) + \cdots\cdots + \{a + (n-1)d\}$$
$$= \frac{1}{2}n\{2a + (n-1)d\}$$
$$= \frac{1}{2}n(a_1 + a_n)$$

a は**初項**，d は**公差**という。公差とは前数との差の数のこと。

（例）右はピタゴラスの発見した四角数で，これは

　　等差数列 $1, 3, 5, 7, 9, \ldots\ldots, (2n-1)$

　この初項から第 n 項までの和を求めよ。

というものでは初項 $a=1$，公差 $d=2$ の等差数列なので，和Sは

$$S = \frac{1}{2}n\{2 + (n-1)\times 2\} = n^2$$

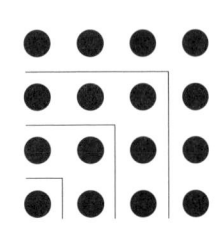

（**問**）等差数列，$3, 7, 11, 15, \ldots\ldots$ の初項から第 n 項までの和を求めよ。

無限等比数列とその和 これは次のように表わされる。

$$a + ar + ar^2 + ar^3 + \cdots\cdots + ar^{n-1} = \sum_{n=k}^{n} ar^{k-1}$$

この和の公式は次の方法で求める。

$r \neq 1$ のとき　　　　$S_n = a + ar + ar^2 + ar^3 + \cdots\cdots + ar^{n-1}$　　①

①の両辺に r をかけ　$rS_n = ar + ar^2 + ar^3 + ar^4 \cdots\cdots + ar^n$　　②

①-②より　　$S_n - rS_n = a - ar^n$

$$(1-r)S_n = a(1-r^n)$$

よって　$S_n = \dfrac{a(1-r^n)}{1-r} = \dfrac{a(r^n-1)}{r-1}$

$r = 1$ のとき　①より　$S_n = na$

$|r| < 1$ のとき収束し，その和は $\dfrac{a}{1-r}$　 a は**初項**，r は**公比**という。
公比とは前数との比のこと。

(例)　循環小数を分数で示す。

$0.\dot{7} = 0.77777\cdots\cdots = 0.7 + 0.07 + 0.007 + 0.0007 + \cdots\cdots$

つまり，初項 0.7，公比 0.1 なので　$\dfrac{0.7}{1-0.1} = \dfrac{0.7}{0.9} = \dfrac{7}{9}$

(注)　$A = 0.77777\cdots\cdots$ とし，両辺を10倍して引くと

　　　$10A = 7.7777\cdots\cdots$
　　$-)\ \ A = 0.7777\cdots\cdots$
　　　　$9A = 7$　　　　　　よって $A = \dfrac{7}{9}$

$\begin{pmatrix} \text{循環小数の記号・} \\ 0.5\dot{6} = 0.5656\cdots\cdots \\ 0.\dot{4}6\dot{2} = 0.462462\cdots\cdots \end{pmatrix}$

(問)　循環小数 $0.\dot{2}\dot{3}$ を上の2通りの方法で，分数で示せ。

無限等比数列の応用　銀行などでの**複利法**がその例である。

A円を1年間預けると，利息B円がつく。このときAを元金，$\dfrac{B}{A} = r$ を年利率という。このとき，$A+B = A+Ar = A(1+r)$ である。n 年間では $A(1+nr)$。
この元金と利息を合わせた金額を元利合計という。

複利法とは，毎年元金に利息を加えたものが次の年の元金となる方法である。
(毎年元金のままの方法を**単利法**という)

この場合 n 年後の元利合計は，公比が $(1+r)$ の等比数列なので，

$S_n = A(1+r)^n$

3　微分法

平均変化率　関数 $f(x)$ の曲線を考えるとき，まず**静的**にとらえた方がわかりやすい。いま，$x=x_1$ から $x=x_2$ までの平均変化率は，右の図で2点 P, Q を通る直線の傾き，つまり，PQ である。

$P(x_1, f(x_1))$, $Q(x_2, f(x_2))$ より

$$\frac{QH}{PH} = \frac{f(x_2)-f(x_1)}{x_2-x_1}$$

この値を，関数 $f(x)$ の x_1 から x_2 までの平均変化率という。

(注) 一次関数のときは，つねに一定である。

関数の極限値の記号

$x \to a$　変数 x が定数値 a に限りなく近づく記号。

$x \to a$ のとき $f(x) \to \alpha$　x が a に限りなく近づくとき，$f(x)$ が1つの値 α にいくらでも近づく，という記号。α を**極限値**（または**極限**）という。

$\lim_{x \to a} f(x) = \alpha$　変数 x が a に限りなく近づくと $f(x)$ の極限値は α。

微分係数　上の変化率で，x_1 から x_2 ではなく，微小の移動を Δx とし，それに対応する y の値を Δy とすると，**微分係数** $f'(x)$ は

$$f'(x) = \lim_{\Delta x \to 0} \frac{\Delta y}{\Delta x} = \lim_{\Delta x \to 0} \frac{f(x+\Delta x)-f(x)}{\Delta x}$$

という式で表わされる。これは**変化率**ともいう。

(注) Δx を x の**増分**，Δy を x の増分に対する $y=f(x)$ の**増分**という。

記号 Δ は，Difference（差）のギリシア語の頭文字の大文字（Δ デルタ）による。

(例) 関数 $f(x) = 3x^2$ の $x=1$ における微分係数は

$$f'(1) = \lim_{\Delta x \to 0} \frac{3(1+\Delta x)^2 - 3 \cdot 1^2}{\Delta x} = \lim_{\Delta x \to 0} \frac{(6+3 \cdot \Delta x)\Delta x}{\Delta x} = \lim_{\Delta x \to 0} (6+3 \cdot \Delta x) = 6$$

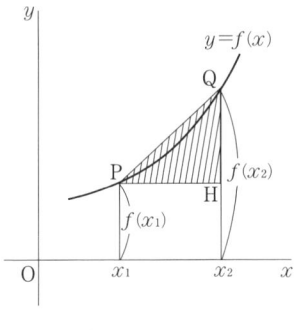

導関数　関数の導関数を求めることを**微分する**といい，その計算を**微分法**という。微分係数 $f'(a)$ や $f'(x_1)$ は，特定な値 a, x_1 を定数とみたものである。この a や x_1 を変数 x におきかえた $f'(x)$ は x の関数で，$f'(x)$ は「$f(x)$ から導かれた関数」ということで**導関数**という。この定義は次のようになる。

$$f'(x) = \lim_{\Delta x \to 0} \frac{f(x+\Delta x) - f(x)}{\Delta x}$$

導関数の記号は $f'(x)$ のほかに，下のように色々ある。

$$y', \quad \frac{dy}{dx}, \quad \frac{d}{dx}f(x), \quad \{f(x)\}'$$

(注) $\lim_{\Delta x \to 0} \frac{\Delta y}{\Delta x} = \frac{dy}{dx}$ これは分数ではなく「dy, dx」と読む。

導関数の公式

$f(x) = c$　　　ならば $f'(x) = 0$　　　c は定数
$f(x) = x^n$　　ならば $f'(x) = nx^{n-1}$　　関数のみ
$f(x) = x^3 + c$　ならば $f'(x) = 3x^2$　　　関数と定数
$f(x) = x^5 + x^2$　ならば $f'(x) = 5x^4 + 2x$　関数と関数

関数の和・差・積・商の微分法

u, v が微分可能な関数で，k が定数。

Ⅰ　$y = ku$　　　ならば　$y' = ku'$
Ⅱ　$y = u \pm v$　ならば　$y' = u' \pm v'$
Ⅲ　$y = uv$　　　ならば　$y' = u'v + uv'$
Ⅳ　$y = \dfrac{u}{v}$　　　ならば　$y' = \dfrac{u'v - uv'}{v^2}$

区間と増減　関数を調べるには，区間と増減が問題になる。

閉区間　集合 $\{x \mid a \leq x \leq b\}$ をいい，$[a, b]$ で表わす。

開区間　集合 $\{x \mid a < x < b\}$ をいい，(a, b) で表わす。

単調増加・減少　ある区間で，関数 $f(x)$ が変化するとき，その区間の任意の x の値 x_1, x_2 について，$x_1 < x_2$ のとき，

$f(x_1) < f(x_2)$ がつねに成り立つとき単調増加 ⎫
$f(x_1) > f(x_2)$ がつねに成り立つとき単調減少 ⎭ という。

4　積分法

不定積分　微分して$f(x)$となるような関数を，$f(x)$の**不定積分**といい，**原始関数**ともいう。

　関数$f(x)$で，その不定積分を求めることを$f(x)$を**積分する**といい，その計算を**積分法**という。記号$\int f(x)dx$で表わし，「積分$f(x)dx$」と読む。

（注）記号$\int$は**インテグラル**（Integral）で，ラテン語の和を意味するsummaのSを図形化したもの。

積分定数　$2x^3$とこれに定数を加えた，$2x^3+5$，$2x^3-4$などなど，微分するとみな$6x^2$になる。これより$\int 6x^2 dx = 2x^3 +$（定数）とする。

　一般に関数$f(x)$の1つの不定積分を$F(x)$とするとき，次のようになる。

$$\int f(x)dx = F(x) + c \qquad 定数cを積分定数という。$$

不定積分の公式　"不定"の意味は「区分が定まっていない」ということ。これについては，次の公式がある。

$$\int x^a dx = \frac{1}{a+1} x^{a+1} + c \quad (a \neq 1)$$

$$\int x^{-1} dx = \int \frac{1}{x} dx = \log|x| + c$$

$$\int e^x dx = e^x + c$$

$$\int \sin x dx = -\cos x + c$$

$$\int \cos x dx = \sin x + c$$

$$\int \frac{1}{\cos^2 x} dx = \tan x + c$$

微分と積分

$F'(x) = f(x) \rightleftarrows \int f(x)dx = F(x) + c$

（例）$F(x) = x + c$　ならば　$F'(x) = 1$

よって　$\int 1 dx = x + c$

計算の基本公式

$$\int \{f(x) \pm g(x)\} dx = \int f(x)dx \pm \int g(x)dx$$

（例）$\int (3x-1)^2 dx$

$= \int (9x^2 - 6x + 1) dx$

$= \int 9x^2 dx - \int 6x dx + \int dx$

$= 3x^3 - 3x^2 + x + c$

「$\int$は**S**を引き伸ばしたものなんだ"」

定積分 関数 $f(x)$ の原始関数（不定積分）の1つを $F(x)$ とするとき，2つの実数 a, b に対して，$F(b)-F(a)$（また，$[F(x)]_a^b$）を，$f(x)$ の a から b までの**定積分**といい，$\int_a^b f(x)dx$ で表わす。

これは，「積分 a から b まで $f(x)dx$」と読む。

上の定積分で，a, b をそれぞれ定積分の**下端**，**上端**という。

定積分の図形的意味 $a<c<b$ で
$$\int_a^b f(x)dx = \int_a^c f(x)dx + \int_c^b f(x)dx$$
の意味は右の図の斜線の部分の面積である。

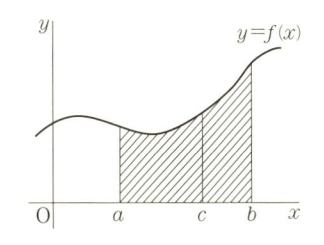

定積分の公式 定積分の計算では次の公式を用いる。

$$\int_a^a f(x)dx = 0 \qquad \text{（区間がないので面積は0）}$$

$$\int_a^b f(x)dx = -\int_b^a f(x)dx \qquad \text{（正負の関係）}$$

$$\int_a^b kf(x)dx = k\int_a^b f(x)d \qquad \text{（k は定数）}$$

$$\int_a^b \{f(x) \pm g(x)\}dx = \int_a^b f(x)dx \pm \int_a^b g(x)dx \qquad \text{（和と差）}$$

区分求積と定積分 区間 $[a, b]$ で $f(x) \geq 0$ のとき，$y=f(x)$ と x 軸および $x=a$, $x=b$ で囲まれた部分の面積は，区間 $[a, b]$ を幅 Δx で n 等分して n 個の長方形の和を求めると，

$$S_n = f(x_0)\Delta x + f(x_1)\Delta x + \cdots\cdots + f(x_{n-1})\Delta x$$

$$= \sum_{i=0}^{n-1} f(x_i)\Delta x$$

この両辺の極限を求めると，

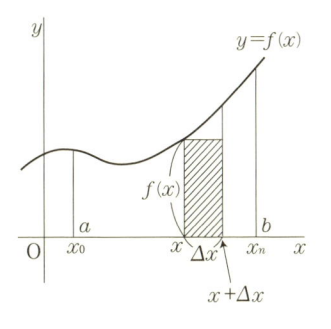

$$\lim_{\Delta x \to 0} S_n = \lim_{\Delta x \to 0} \sum_{i=0}^{n-1} f(x_i)\Delta x \quad \text{よって } S = \int_a^b f(x)dx$$

XII ベクトルと行列

1 ベクトルと行列

ベクトル は，速度，力など方向と距離という2つの量の組で表わすところから始まったもので，語源はラテン語の「ものを運ぶ」から。

この量の組の考えをさらに拡張したものが**行列**（matrix）で，語源はラテン語で「母体」である。マトリックスは中国では方陣，日本では行列と訳した。

行列は19世紀の初めに導入された概念で，1858年イギリスのケーリーが『行列論』を発表し，続いてドイツのフロベニウスが記号を与えた。

ベクトルや行列に関する数学を「**線形代数**」といい，今日では自然科学，工学，経済学，電気回路，管理・経営面で不可欠の応用数学。

2 用語と記号

ベクトル いくつかの数を並べた組をベクトルといい，右のように行と列とがある。その数を**成分**，成分の個数を**次元**という。

行列 いくつかの数を長方形の形に並べた数の組を行列といい，横の並びを**行**，縦の並びを**列**という。行と列の数によって，2×3行列（2行3列）などといい，行と列の数の等しいものを正方行列という。これらにふくまれている数を行列の**成分**，または**要素**という。

行ベクトル $(5 \quad 2 \quad 8)$

列ベクトル $\begin{pmatrix} 3 \\ 2 \\ 8 \end{pmatrix}$

2×3行列 $\begin{pmatrix} 2 & 4 & -1 \\ 3 & 1 & 5 \end{pmatrix}$

三次の正方行列
$\begin{pmatrix} 1 & 5 & 2 \\ 2 & 4 & 1 \\ 6 & 0 & 2 \end{pmatrix}$

(例) 右の表はある高等学校の生徒数を学年別，性別でまとめたものである。

性別＼学年	I	II	III
男	430	386	402
女	415	391	387

いま，男を行ベクトルで示すと，

$(430 \quad 386 \quad 402)$

第II学年を列ベクトルで示すと $\begin{pmatrix} 386 \\ 391 \end{pmatrix}$

(問) 全校生徒を行列で示せ。

3 行列の計算

行列の相当 2つの行列 A, B で, 行の数と列の数がそれぞれ等しいとき, A と B は**同型**という。右の2つの行列 A, B が

$$\begin{cases} a=p,\ b=q,\ c=r \\ d=s,\ e=t,\ f=u \end{cases}$$

$$A = \begin{pmatrix} a & b & c \\ d & e & f \end{pmatrix}$$

$$B = \begin{pmatrix} p & q & r \\ s & t & u \end{pmatrix}$$

のときに限り, A と B は**等しい**といい, **A=B** と書く。

行列では**大小**は考えない。

行列の加法・減法 上の2つの行列を例として,

加法は
$$A+B = \begin{pmatrix} a & b & c \\ d & e & f \end{pmatrix} + \begin{pmatrix} p & q & r \\ s & t & u \end{pmatrix} = \begin{pmatrix} a+p & b+q & c+r \\ d+s & e+t & f+u \end{pmatrix}$$

減法は
$$A-B = \begin{pmatrix} a-p & b-q & c-r \\ d-s & e-t & f-u \end{pmatrix}$$

A=B のとき, $\begin{pmatrix} 0 & 0 & 0 \\ 0 & 0 & 0 \end{pmatrix}$ となり, すべての成分が0の行列を**零行列**といい, 記号 0 で表わす。

行列の実数倍 上の行列 A で, k が実数のとき,

$$kA = k\begin{pmatrix} a & b & c \\ d & e & f \end{pmatrix} = \begin{pmatrix} ka & kb & kc \\ kd & ke & kf \end{pmatrix}$$

行列の乗法 2×2 行列の積は, 次のようになる。

$A = \begin{pmatrix} a & b \\ c & d \end{pmatrix}$, $B = \begin{pmatrix} p & q \\ r & s \end{pmatrix}$ の積では

$$AB = \begin{pmatrix} a & b \\ c & d \end{pmatrix}\begin{pmatrix} p & q \\ r & s \end{pmatrix} = \begin{pmatrix} ap+br & aq+bs \\ cp+dr & cq+ds \end{pmatrix}$$

(例) $\begin{pmatrix} 1 & 3 \\ 4 & 5 \end{pmatrix}\begin{pmatrix} -2 & 4 \\ 6 & -1 \end{pmatrix} = \begin{pmatrix} 1\cdot(-2)+3\cdot 6 & 1\cdot 4+3\cdot(-1) \\ 4\cdot(-2)+5\cdot 6 & 4\cdot 4+5\cdot(-1) \end{pmatrix} = \begin{pmatrix} 16 & 1 \\ 22 & 11 \end{pmatrix}$

単位元 とは $\begin{pmatrix} 1 & 0 \\ 0 & 1 \end{pmatrix}$ のこと。(一般での加法の0, 乗法の1に相当する)

逆行列 とは $A = \begin{pmatrix} a & b \\ c & d \end{pmatrix}$, $E = \begin{pmatrix} 1 & 0 \\ 0 & 1 \end{pmatrix}$ のとき, AX=E を満たす行列 X を, A の逆行列といい, **A⁻¹** と書く。(一般での逆数に相当する)

(注) a の逆数とは, ある数 a で1を割ったもの。$\dfrac{1}{a}$

XIII カタカナ数学

1 外国起源の数学用語

漢語（中国伝来語）　下に掲げるように，日本の教科書で用いられている数学用語のほとんどが中国語である。一部，文字が異なる。ただ，グラフやデータなど，しだいに中国語訳ではなく，英語そのままをカタカナで表現するようになった。

代数，幾（几）何，関（函）数，
統計（计），方程（式），真分数，
因数，曲線（线），無（无）限，
平面，命題演算，矛盾　　など

『日汉数学词汇』（日中数学用語集）より。

カタカナ語（英語他）　そこでそれを拾い出してみると，下のようで，数学界だけでなく，**学校数学**の中にも多く取り入れられている。

アルゴリズム	インテグラル	グラフ	コンビネーション
コンピュータ	サンプリング	サンプル	シミュレーション
データ	デルタ（Δ）	トポロジー	パーミュテーション
ヒストグラム	ベクトル	ミーン	メジアン
モード	ランダム	など	

＊中・高校教科書「索引」より。50音順。

（**問**）幾何学は，その内容が図形学であるが，その語源をいえ。

2 20世紀誕生の"新数学"

(1)　**オペレイションズ・リサーチ**（作戦計画。Operations Research, O. R.と略す）

カタカナ数学のさきがけとして，第2次世界大戦中に，イギリス，アメリカで誕生し，戦後に新数学として完成した画期的な領域である。

この発生を簡単に述べると，

○イギリスは物資不足のため，アメリカやカナダから船舶によって物資が輸送されたが，途中ドイツのUボート（小型潜水艦）におそわれ，大きな被害を受けたので，この防衛策を検討した。

○ アメリカは太平洋地域での海軍の活動中に，日本の"一機一艦攻撃"の特攻機（特別攻撃機）により，当初5割の被害を受けたので，その防衛対策に苦慮した。

その結果，両国では軍人のいない素人集団による『科学チーム』を結成し，データ分析を中心とする防衛策を工夫し，結論を軍に報告した。

これを受け入れた部隊は被害が激減する一方，"素人の案"として無視した部隊では，被害が減らなかった。こうした成果によって，この『科学チーム』の研究が認められ，戦後この研究員たちが，大学や研究所にもどって学問の形にまとめたのである。

この研究手段はいわゆる『協力学』で，広くデータを収集し，これらの統計，確率，その他による分析，コンピュータ処理などであった。

『オペレイションズ・リサーチ』は，代表的領域として次の5つがある。

① **線形計画法**（Linear Programming, L. P.）

たとえば，幾種かの原材料を混合して製品を作るとき，その適切な混合比を工夫する方法。（P.23参考）**最適値**を求める研究。

日常生活にかかわる例もたくさんあり，『ふりかけ』を購入しても，その袋には右のような原材料が表示されている。たちまち20〜30品が必要とされ，"うまい，安い，簡単"の製品作りでは，原材料の種類から

20〜30元連立一次方程式・不等式

を立て，それを解くことにより，最適値（適正量）が得られる。これを解くには人間では何年もかかるので，コンピュータによる。（実際には1500元もある）

名　　称	ふりかけ
原材料名	ごま，乳糖，食塩，砂糖，大豆たん白，鮭，のり，でん粉，鮭エキス，鮭オイル，還元水飴，醤油，調味料（アミノ酸等），着色料（紅麹，クチナシ），酸化防止剤（ビタミンE），（原材料の一部に小麦粉を含む）

（注）線形の意味は一次方程式（グラフで直線）だからである。

日常・社会生活上では，実に幅広く使用される数学で，
- ハム，ソーセージなどの練り製品の製造
- 混合肥料の配分
- 工場，マンションの建設計画　　　○種々の職種の仕事場の作業工程
- 多くの乗物のある「有料遊園地の遊具」の時間と料金設定　　など

② **窓口の理論**（待ち行列，queuing theory）

いわゆる"順番待ち"についての研究で，次の場合がある。
- 野球場や映画館，劇場などの窓口の数
- ビル，デパートのトイレの数やエレベーターの数
- バスや列車の本数
- レストランなどのテーブルの数
- 工場での工具の数

いずれも数をふやせばいいが，費用がかかる。数が少ないと人々の不満，能率の悪化が現れる。その**バランスの問題**である。

③ **ゲームの理論**（遊戯の理論，theory of games）

大は国際社会での経済問題，小は友人との賭け事など，世の中にはゲームがあふれている。思いつくだけでも，次のようなものがある。
- 碁，将棋，マージャン，オセロなど，個人対戦の策略
- 各種スポーツなど団体戦の試合運び
- 競争入札や競売の駆け引き
- 買い占めや売りおしみ
- 生産と在庫のバランス
- 同業会社間の広告，TV利用などの販売合戦
- 役所，会社などの社員の健康管理
- 鉄道会社のレール交換期間
- タクシー，航空機の定期点検期間

レール交換

④ **ネット・ワークの理論**（theory of network）

本局の放送局から，グループへ番組を同時に放送するような網の目的な組織についてのものであるが，この発想は社会で広く用いられている。

○ 本店と支店の連絡，工場と販売店の交通路の設定
○ セルフサービスの店の品物の配列，デパート各階の商品の配置
○ 部屋の家具などの配置（動線）
○ コンピュータや人工衛星の配線　　など

⑤　**パート法**（Program Evaluation and Review Technique，略称 PERT）

大規模なプロジェクトを計画管理するための手法であり，次の場合などに利用される。（スーパーなどの，いわゆるパート婦人の「パート」ではない）

○ 工場の流れ作業の組織化
○ ビル建設などの作業日程計画
○ 大掃除の仕事手順

(2)　**カタストロフィー**（Catastrophe，破局）

世の中の不連続な事象，現象について，破局状態におちいる原因の追究をする研究で，その対象として次のようなものがある。

自然界――地震の発生，火山の爆発，あるいは稲妻，雪崩，津波，ビッグバーン　　など

生物界――昆虫・魚・植物などの異常発生，牛や鼠などの集団暴走

人間界――戦争勃発，株の暴落・暴騰，デモ集団の反乱，友人関係や恋愛男女間の突如の亀裂や別離，あるいは突然死　　など

〔参考〕右の図は，あるお客がセールスマンの押し売りに買う気がなかった（A～B）のに，「あといくらまける」「これが最後」などの一声で買うことにした（B_1）心理図である。

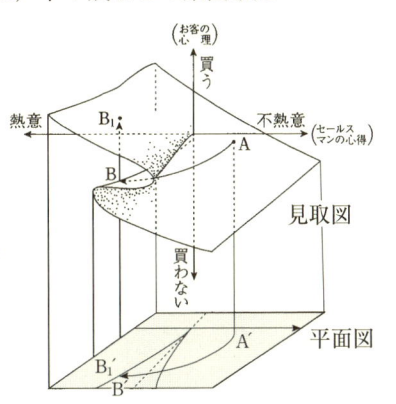

(3)　**フラクタル**（Fractal，破片）

目に入る，世の中にある絵，図形などの中から，不規則な形のものを選び，その特徴などを研究する分野である。

自然界——海岸線，雲の形，川の蛇行，
　　　　　　雪の結晶，山脈，洪水の頻度，
　　　　　　さらに，太陽の黒点活動，自
　　　　　　然界の雑音
　　生物界——樹木の影(右)，海草の模様，
　　　　　　ブラウン運動の軌跡
　　人間界——建築物，絵画，音楽などの美
　　　　　　に関するもの　　など

樹木の影

(4) カオス（Chaos, 混沌）
「この世は，輪廻」などというように，太陽，地球の周期性をはじめ，多くの事象，現象は周期をもっている。しかし，例外もあり，周期性がない振動などについて研究しようとするものである。
　　自然界——大気の対流現象や乱気流，あるいは地殻の変化，天体の動き
　　生物界——昆虫などの動き，植物の発生・成育範囲
　　人間界——江戸時代の画家，尾形光琳，葛飾北斎などの絵画の中の川の流れ
　　　　　　や海の波浪など

(5) ファジー（Fuzzy, あいまい）
　コンピュータは，ランプが「つく」「消える」つまり，1か0かの2進法を原理として構成されている機械である。ここには人間味が存在しない。ファジーは，ある事象，現象の「両極の中間」に関する研究で，これは，次のものに有効利用されている。

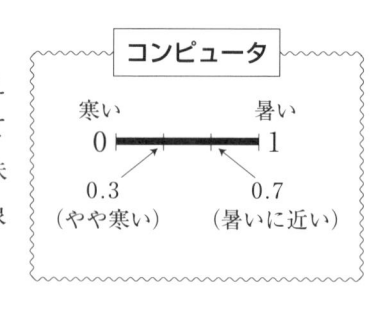

```
┌─────────────────────┐
│         コンピュータ　　│
│ 寒い　　　　　　　暑い　│
│  0 ―――――――― 1    │
│  ↑　　　　　　↑    │
│ 0.3　　　　　0.7   │
│(やや寒い)　(暑いに近い)│
└─────────────────────┘
```

　　○各種の家庭電化製品（洗濯機，カメラなど）
　　○株や証券などの運用　　　　○地下鉄などの運転制御
　　○杜氏(とうじ)(酒作り)の機能　など
　(注)長い間，数学界では「デタラメ」(P.78)や「あいまい」(上記)を避けてきたが，
　　　現代はこれらを受け入れている。

XIV 数学略史

1 中・高校登場の数学者

中学や高校の教科書は，西欧数学を本流としたものであるため，ここに登場する数学者は，ほとんど西欧系の人たちであり，一時期のインド，アラビアも含めた。

参考までに，和算家たちも加えたが，詳しくは，100ページをみよう。

右では約50名を取り上げたが，数学史上では他の人々（中国系）もいる。

各数学者が，どのような研究をしたか，調べてみよう。

2 古代数学と特徴

古代各民族では，それぞれレベルの相異はあるものの，共通点としては，

(1) 日常生活での必要性 → 算数

(2) 学問的レベル ⟶ ｛代数　幾何　三角法

に大別される。

古代数学民族としては

西洋系──エジプト，ギリシア

東洋系──シュメール，インド，中国

数学を担ったのは，神官，哲学者，商人，物理学者などであった。

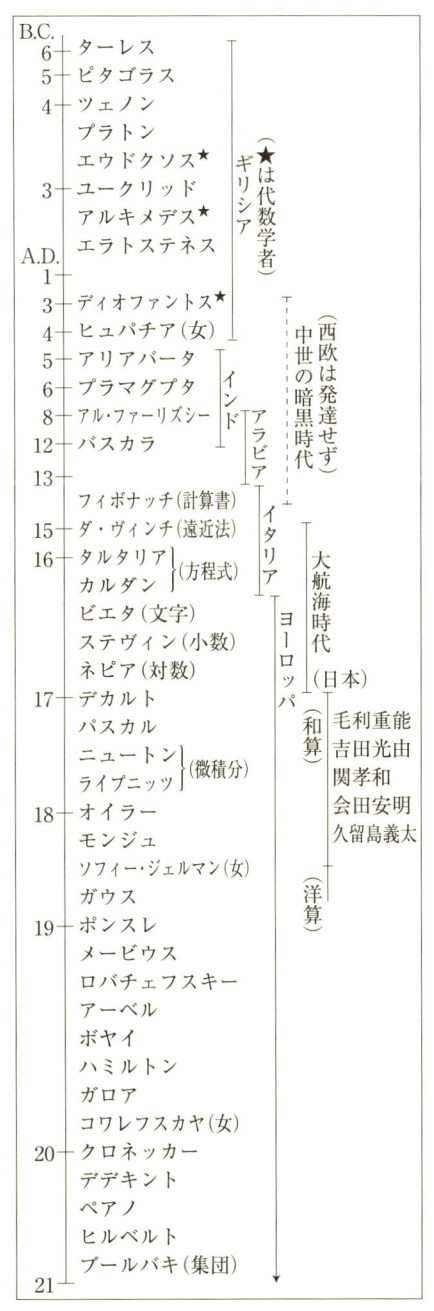

B.C.
- 6　ターレス
- 5　ピタゴラス
- 4　ツェノン
- 　　プラトン
- 　　エウドクソス★
- 3　ユークリッド
- 　　アルキメデス★
- 　　エラトステネス

（★は代数学者）ギリシア

A.D.
- 1
- 3　ディオファントス★
- 4　ヒュパチア（女）
- 5　アリアバータ
- 6　ブラマグプタ　｝インド
- 8　アル・ファーリズシー
- 12　バスカラ　｝アラビア
- 13
- 15　フィボナッチ（計算書）
- 　　ダ・ヴィンチ（遠近法）
- 16　タルタリア　｝（方程式）
- 　　カルダン
- 　　ビエタ（文字）
- 　　ステヴィン（小数）
- 　　ネピア（対数）
- 17　デカルト
- 　　パスカル
- 　　ニュートン　｝（微積分）
- 　　ライプニッツ
- 18　オイラー
- 　　モンジュ
- 　　ソフィー・ジェルマン（女）
- 　　ガウス
- 19　ポンスレ
- 　　メービウス
- 　　ロバチェフスキー
- 　　アーベル
- 　　ボヤイ
- 　　ハミルトン
- 　　ガロア
- 　　コワレフスカヤ（女）
- 20　クロネッカー
- 　　デデキント
- 　　ペアノ
- 　　ヒルベルト
- 　　ブールバキ（集団）
- 21

（西欧は発達せず中世の暗黒時代）

イタリア

ヨーロッパ

大航海時代

（日本）
和算
毛利重能
吉田光由
関孝和
会田安明
久留島義太

（洋算）

「**数学誕生**」**源**　数字や計算，基本図形など，今から5000年の昔に生まれ，しだいに発達したが，それらは生活の向上をはかる必要から誕生している。

よく知られた"数学の土台"として右のものがあげられるが，最初にまとめられた代表的な数学書は，紀元前17世紀頃，エジプトの書記アーメスによる『**アーメス・パピルス**』(別名，リンド・パピルス)であろう。

数学の土台
○農業（測量，単位）
○天文（神事，暦）
○通商（航・通商路，交易）
○建造（初歩的統計，設計）
○社会（論理，比率）
○他

アーメス・パピルスは，「それまでの数学をまとめたもの」といわれているので，約4000年前の数学内容といえよう。

(注) 巻末「参考資料」参照。

『アーメス・パピルス』の一部
－イギリス，大英博物館内－

人間社会の発展と共に，残念ながら，戦争に関係した数学も数々ある。

3　代数・幾何の共存民族

代数と幾何　日常必須の算数（算術）とは別に，"学問"としての代数と幾何は，実用性とは別に『論理』を学ぶ上の2本柱であった。しかも，この主軸はふしぎと東洋と西洋との対立的発展がある。

　　東洋――代数系――**小数文化圏**（メソポタミア，インド方面）
　　西洋――幾何系――**分数文化圏**（エジプト，ギリシア方面）

アラビア民族（アラブ人）　7世紀にマホメットがメッカに登場し，サラセン帝国はたちまちに広大な領土を征服した。歴代カリフ(国王で教主)は文芸・学問を奨励したので，学問の保存，発展に貢献があった。民族性が"清濁合わせ飲む"傾向をもっていたので，

　代数系では，文章題解法で「**移項法**」（方程式）を開発し，

　幾何系では，ギリシア滅亡後600年間消失した『**原論**』を復活させた。

4　大航海時代の計算術

キリスト教とイスラム教　有名な『**十字軍**』は，11世紀末から13世紀のキリスト教徒と，セルジュク・トルコのイスラム教徒との，聖地エルサレム争奪戦である。

その後，オスマン・トルコが強力な軍事力で地中海を制覇したため，西欧諸国，特にイタリアなどは活躍の場を，未知の大西洋に見出し，漁獲，通商先を求めたり，植民地探しなどを開始した。

これには右のような順で西欧諸国が参加し，いわゆる『**大航海時代**』を迎えた。これは15～17世紀のことである。

（注）諸国の参加順は，「国内の安定」にかかわる。
（革命，内乱などのあった国はおくれた）

第1期	イタリア
第2期	スペイン
	ポルトガル
第3期	イギリス
	オランダ
第4期	ドイツ
	フランス
第5期	ロシア

計算師　未知の大海への航海では，海流，台風，岩礁などなどの危険がいっぱいであるため，天文観測が『**航海術**』の重要な課題となる。そのために，

（天文観測）→（複雑高度な計算）→（専門家）

ということで『**計算師**』という新職業が誕生した。彼らは右のような社会的活動もしていた。

計算師の役割：記号の創案／速算術の発見／計算請負／計算教科書出版／計算学校創設／など

（問）『**計算師**』は，現在のどのような職業に相当すると思うか。

5　反数学の誕生

反数学の意味　単なる移動電話だった『携帯電話』が，次々と機能をふやし，いまや『ケイタイ』の名が通称のようになっているが，それと同様，数学も内容がどんどん増加している。

しかも，「それまでの**数学の考え**」と相容れないものが導入されている。

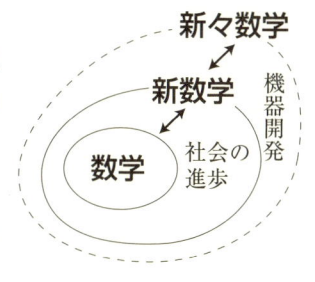

つまり，単純な拡張ではなく，反発しながらの拡張になっている。

古代ギリシアで紀元前6世紀から順調に，自由に発達した数学が，右の『ツェノンの逆説』(P.66)の各項による**ゆさぶり**によって，紀元前4世紀のプラトンは純粋な数学を創設するため，定義の厳格化の一方右の各項を捨て，避けることにした。

この項目が，当時**反数学**とされたものである。

第1反数学時代 西欧では，13～15世紀の大航海時代以来，社会が活気に満ち，**中世の暗黒時代**（3～13世紀）の後，人々が開放的雰囲気で活動したこともl1つの要因であろう。

このとき誕生した数学は，次のもので，

○ 弾道研究 ——→ 関数
○ 病気・戦争 ——→ 統計 　『**社会数学**』と呼ぶ。(著者)
○ 賭事・遊戯 ——→ 確率

この社会数学では，運動，変化，無限，時間などの反数学的だったものが，克服，利用されている。この時代の社会で必要とされた数学であった。

第2反数学時代 第1反数学では，『ツェノンの逆説』の反数学部分を吸収したが，次はコンピュータの開発による超人間的能力を背景とした新数学が，次々と誕生していった。

○ デタラメ ——→ 標本調査
○ 不連続 ——→ カタストロフィー
○ 不規則 ——→ フラクタル 　　『**カタカナ数学**』と呼ぶ。(著者)
○ 混沌 ——→ カオス 　　　　　(広い意味で「社会数学」)
○ あいまい ——→ ファジー

上の5つは，とても数学の対象とは思えない，数学と縁のない事項であった。ここで以上をまとめると，次の表になる。

ツェノンの逆説の特徴

運動，連続
無限，分割
変化，時間
など
を突いた論理
(詳しくはP.117参照)

社会数学

関　数
統　計
確　率

(注) 後，推計学を加える。

反数学時代と『社会数学』の誕生
──数学発展概略史──

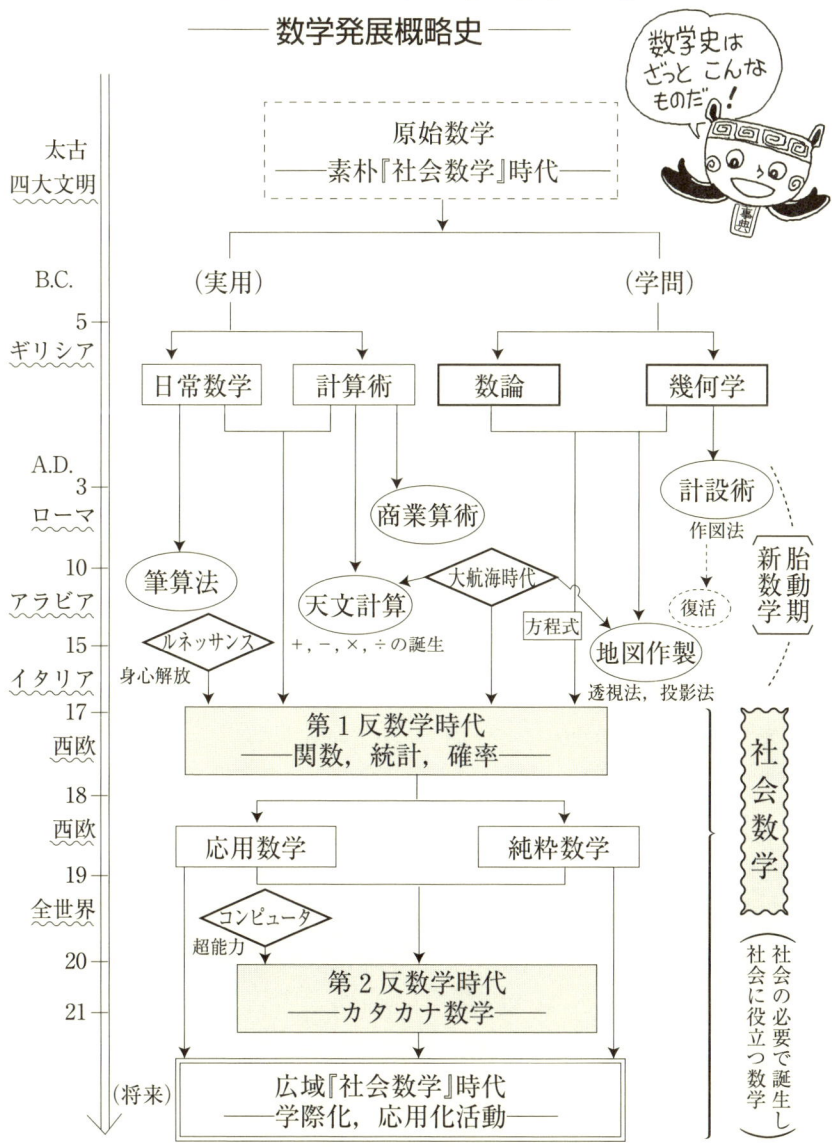

吹き出し：数学史はざっとこんなものだ！

時代軸（左）：
- 太古 四大文明
- B.C. 5 ギリシア
- A.D. 3 ローマ
- 10 アラビア
- 15 イタリア
- 17 西欧
- 18 西欧
- 19 全世界
- 20
- 21
- （将来）

フロー図：

原始数学 ──素朴『社会数学』時代──

├─（実用）
│   ├─ 日常数学
│   │   └─ 筆算法 ─（ルネッサンス／身心解放）
│   └─ 計算術
│   ├─ 商業算術
│   └─ 天文計算（＋，－，×，÷の誕生）
│
└─（学問）
     ├─ 数論
     │   ├─ 大航海時代
     │   ├─ 方程式
     │   └─ 地図作製（透視法，投影法）
     └─ 幾何学
          └─ 計設術／作図法 ┄（復活）

新数学胎動期

↓

第1反数学時代 ──関数，統計，確率──

├─ 応用数学 ─（コンピュータ／超能力）
└─ 純粋数学

↓

第2反数学時代 ──カタカナ数学──

↓

広域『社会数学』時代 ──学際化，応用化活動──

右側縦書き：社会数学（社会の必要で誕生し社会に役立つ数学）

XIV 数学略史　99

補 日本の数学

1 奈良時代の数学

算博士 大学の制度の中のもので，「職員令」に算博士2人，算生30人とある。他に**暦博士**(れきはかせ)というものもあった。

九九 中国から導入された"算木"を用い，掛算，割算に使用した。
（和歌などにも「二二」と書いて「し」と読ませるものもあり）

2 平安・鎌倉時代の数学

『**口遊**』(くちずさみ) 970年，源為憲が，3つの名家の子弟の家庭教師をつとめたとき，テキスト用として書いたもの。暗誦しやすい。

『**継子算法**』(けいし) 1157年，藤原通憲。代表作が「継子立」(P.15)である。

3 室町時代の数学

『**拾芥抄**』(しゅうかいしょう) 1369年，洞院公賢による数学百科全書的なもの。

4 江戸時代の数学

(1) **和算書** 江戸初期から明治の初めまでに，多数の和算家が活躍し出版図書も膨大であるが，著名なものは時代順では右のようである。

(2) **和算家の生活** 幕府や藩直属の勘定方，測量方などの**役人**になるものもいるが，藩校や私塾・寺子屋の**教師**として生活をしたものもいる。一方，**遊歴算家**を名のり，旅をしながら，名主や郷士の家に泊まって土地の人々に和算を教えて過ごした人もいるという。いわゆる奇人，変人も少なくない。

年代	書名	著者
1622年	諸勘分物	百川治兵衛
1622年	割算書	毛利重能
1627年	塵劫記	吉田光由
1635年	堅亥録	今村知商
1659年	改算記	山田正重
1661年	算法闕疑抄	磯村吉徳
1663年	算俎	村松茂清
1671年	古今算法記	沢口一之
1674年	算法勿憚改	村瀬義益
1683年	発微算法	関　孝和
1683年	解伏題之法	関　孝和
1722年	綴術算経	建部賢弘
1743年	勘者御伽双紙	中根法舳

(注) 書名から内容が想像できるか？

(3) 和算発展の三大特徴

① **寺社奉額（算額）**　神社，仏閣に，絵馬同様，下のような，お礼やお願いをこめて，数学問題を奉納した。色々種類がある。

- 信仰算額　「神仏のお陰で，新発見や難問解決ができました。」
- 記念算額　「恩師の米寿のお祝い。初孫誕生の記念です。」
- 宣伝算額　「わが流派は，こんな研究を進めています。」　　　ほか

> **余談** 愛宕神社奉額事件
>
> "関流(せきりゅう)"の本流である藤田定資に，傍系の会田安明が弟子入りし，「秘伝を学ぼう」として知人に紹介を頼んだところ，藤田から「会田が愛宕神社に奉納した算額に間違いがあるから，それを改めたら入門させる」という返事。天才肌で負けず嫌いの会田は怒り，藤田の『精要算法』という本の問題を非難し，『改精算法』を著した。以来16年間も２人の間で著述合戦があったという。会田は後に最上流(さいじょうりゅう)を創設した。

（注）愛宕神社は東京芝の愛宕山にあり，ここにNHKの最初の放送局ができた。

② **遺題（好み）**　和算家が，自分の研究のまとめとして本を出版するとき，最後に"解答のない問題"，つまり遺題をつける。これを購入した人は，まず挑戦し，自著でも遺題をつける，というようにして互いに切磋琢磨し向上していった。

③ **流派・免許制**　上の関流，最上流の他，小池流，宅間流，さらには近道流など，たくさんの流派があって，互いにレベルを競い合う一方，流派内にも右のような免許制があった。

（問）印可は，どのような免許と想像されるか。

(4) 和算の衰退

上のような競争で『和算』の学力は向上したが，基本的に「芸に遊ぶ」「無用の用」精神で実用に目を向けなかった。

一方，外来の『**洋算**』は航海，天文，建築，建造などの実用性で圧倒し，和算は衰退の道を歩んでしまった。

（巻物の図：題伝・題可・題隠・別伏・見印）

正・負の数と計算 (追記)

1 定義と符号

定義 0より大きい数を**正の数**，小さい数を**負の数**という。

符号と絶対値 正・負を表わす＋を**正の符号**，－を**負の符号**といい，正・負の数で符号をとった数を**絶対値**という。記号｜ ｜を用いる。

例：$|+3|=|-3|=3$

2 四則計算

加・減法 には，次の法則がある。

加法 $\begin{cases} \text{同符号の2数の和} \begin{cases} 符\ \ 号\text{——共通の符号} \\ 絶対値\text{——2数の絶対値の和} \end{cases} \\ \text{異符号の2数の和} \begin{cases} 符\ \ 号\text{——絶対値の大きいほうの符号} \\ 絶対値\text{——2数の絶対値の差} \end{cases} \end{cases}$

　減法　減数の符号を変えた数(**反数**)をたす。　例：$2-(-3)=2+3$

乗・除法 には，次の法則がある。

乗法 $\begin{cases} \text{同符号の2数の積} \begin{cases} 符\ \ 号\text{——正}(+) \\ 絶対値\text{——2数の絶対値の積} \end{cases} \\ \text{異符号の2数の積} \begin{cases} 符\ \ 号\text{——負}(-) \\ 絶対値\text{——2数の絶対値の積} \end{cases} \end{cases}$

　除法　除数の**逆数**をかける。

0との四則 $(a>0)$

加法　$(+a)+0=+a$　$(-a)+0=-a$　$0+(+a)=+a$　$0+(-a)=-a$
減法　$(+a)-0=+a$　$(-a)-0=-a$　$0-(+a)=-a$　$0-(-a)=+a$
乗法　$(+a)\times0=0$　$(-a)\times0=0$　$0\times(+a)=0$　$0\times(-a)=0$
除法　$(+a)\div0=$不能　$(-a)\div0=$不能　$0\div(+a)=0$　$0\div(-a)=0$
(注)　$0\div0=$不定

参考資料

			本文関連ページ
1	インドの命数法	104	6
2	度量衡	104	13
3	日本の○○算	104	17
4	演算記号，他	105	19
5	円周率の歴史	106	26
6	作図の公法，他	107	40
7	『原論』（ユークリッド幾何学）の内容	108	49
8	図形関連一覧表	109	56
9	コンピュータ発展略史	110	90
10	『アーメス・パピルス』概要	111	(16，他)
11	『算経十書』とその前後	112	16, 22
12	『塵劫記』の内容と寺子屋	113	100
13	数学発展史	114	
◎	問の解答	115	

メートル原器，キログラム原器（フランス「パリ度量衡局」提供）

1 インドの命数法

インドの命数法（中国語）

（小数）

一	
分	10^{-1}
厘	10^{-2}
毛	10^{-3}
糸	10^{-4}
忽(こつ)	10^{-5}
微	10^{-6}
繊(せん)	10^{-7}
沙(しゃ)	10^{-8}
塵(じん)	10^{-9}
埃(あい)	10^{-10}
渺(びょう)	10^{-11}
漠(ばく)	10^{-12}
模糊(もこ)	10^{-13}
逡巡(しゅんじゅん)	10^{-14}
須臾(しゅゆ)	10^{-15}
瞬息(しゅんそく)	10^{-16}
弾指(だんし)	10^{-17}
刹那(せつな)	10^{-18}
六徳(りっとく)	10^{-19}
虚	10^{-20}
空	10^{-21}
清	10^{-22}
浄	10^{-23}

（大数）

一	
十	10
百	10^2
千	10^3
万	10^4
億	10^8
兆	10^{12}
京(けい)	10^{16}
垓(がい)	10^{20}
秭(じょ)	10^{24}
穣(じょう)	10^{28}
溝(こう)	10^{32}
澗(かん)	10^{36}
正	10^{40}
載(さい)	10^{44}
極(ごく)	10^{48}
恒河沙(ごうがしゃ)	10^{52}
阿僧祇(あそうぎ)	10^{56}
那由他(なゆた)	10^{60}
不可思議	10^{64}
無量大数	10^{68}

（……以下は11世紀頃『華厳経』の中から採用したという。）

（注）無量と大数を別にすることもある。

2 度量衡(どりょうこう)

長さ

1 里 = 36 町(ちょう)
1 町 = 60 間(けん)
1 間 = 6 尺(しゃく)
1 尺 ≒ 30.3 cm   1 尺 = 10 寸(すん)

かさ

1 石(こく) = 10 斗(と)
1 斗 = 10 升(しょう)
1 升 = 10 合(ごう)
1 升 ≒ 1.8 ℓ   1 合 = 10 勺(しゃく)

重さ

1 貫(かん) = 1000 匁(もんめ)
1 匁 = 10 分(ふん)
1 貫 = 3.75 kg   1 分 = 10 厘(りん)

3 日本の○○算

仕事算 帰一算 還元算 } 全体を1とする	植木算 方陣算 周期算 } 教え方の工夫
時計算 年齢算 相当算 } 割合を使う	旅人算 通過算 流水算 } 速さについて
和差算 分配算 平均算 など } ならして解く	鶴亀算 消去算 } おきかえ利用 過不足算　余りと不足

4 演算記号，他

〔記号1〕**基本**

＋，－	1489年	ドイツ	ビドマン	
√	1521年	ドイツ	ルドルフ	
（ ）	1556年	イタリア	タルタリア	
＝	1557年	イギリス	レコード	
÷	1559年	スイス	ハインリッヒ	
×	1631年	イギリス	オートレッド	
＞，＜	1631年	イギリス	ハリオット	
・（乗法）	1698年	ドイツ	ライプニッツ	

（注）記号の起源

＋　ラテン語 et（そして）を早く書いた

－　minus（引く）の m を早く書いた

×　$\dfrac{25}{\cancel{34}}$ より。　÷は分数 $\dfrac{4}{7}$ ⇒ 〇／〇

（ ）は 🫱🫲 の象形記号

＝は「平行線より等しいものはない」より。
（昔は aequari から来た∞を使った）

π　$\pi\varepsilon\rho\iota\phi\varepsilon\rho\varepsilon\iota\alpha$（円周）

i（虚数単位）imaginary number

〔記号2〕**図形**

ℓ　長さ，S　面積，V　体積
P　平面，r　半径，O　原点
∥　平行，⊥　垂直，
＝　平行で等しい
F　図形，△　三角形

〔記号3〕**発展**

∣ ∣	絶対値	
÷	平均（足して割る）	
◯	図形の回転など	
！	階乗（3 ！＝1×2×3）	
（ ），∣ ∣，〔 〕	括弧（順序）	
′ Δ	微分	
∫	積分（summa，和より）	
Σ	総和（$\sum_{5}^{1}$＝1〜5の和）	
≡	合同	
∽	相似（similar より）	
${}_mP_r$	順列	
${}_mC_r$	組合せ	

〔古代ギリシア数学用語〕

I
Π　（5，$\pi\acute{\varepsilon}\nu\tau\varepsilon$）
Δ　（10，$\delta\acute{\varepsilon}\chi\alpha$）
H　（100，$\acute{\varepsilon}\chi\alpha\tau\acute{o}\nu$）
X　（1000，$\chi\acute{\iota}\lambda\iota\omicron\iota$）
M　（10000，$\mu\acute{v}\rho\iota\omicron\iota$）

$\mu\alpha\theta\eta\mu\alpha\tau\alpha$（数学） $\begin{cases} \alpha\rho\iota\theta\mu\zeta\tau\iota\chi\acute{\eta} \\ \qquad\qquad（算術）\\ \lambda\omicron\gamma\iota\delta\tau\iota\chi\acute{\eta} \\ \qquad\qquad（計算法）\\ \gamma\varepsilon\omega\mu\varepsilon\rho\iota\alpha \\ \qquad\qquad（幾何） \end{cases}$

5　円周率の歴史

（円周）÷（直径）　これを円周率という。

これは，古代から人々に興味をもたれ，シュメール民族は3，エジプトでは右下の**『アーメス・パピルス』**(P. 16, 94, 109)中にある問題（例題50）から，3.16を用いていたことがわかる。

円周率を求める数学者は多く，代表的なものが，次である。

(1) 古代ギリシアの**アルキメデス**が，円を内接・外接する正多角形で囲み，ついに正96角形で次を得ている。
$$3\frac{10}{71} < \pi < 3\frac{1}{7}, \quad \pi = 3.14$$

(2) 17世紀にドイツの数学者**ルドルフ**はアルキメデスの方法で正2^{62}角形から小数35桁まで得た。しかし，人生の大半を費やしたという。以後の学者は公式によって計算した。

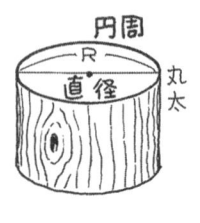

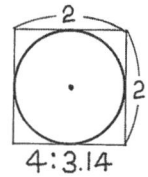

──（例題50）──
9ケットのまるい土地の面積は直径9から，その$\frac{1}{9}$つまり1を引いて8とし，8と8を掛けて64セタトがその面積である。

（注）ドイツでは，その業績をたたえ円周率のことを「ルドルフの数」という。

(3) 近世になって，多くの数学者が，計算公式を創案している。

17世紀　イギリス　ウオリス　　$\dfrac{\pi}{2} = \dfrac{2\cdot2\cdot4\cdot4\cdot6\cdot6\cdots\cdots}{1\cdot1\cdot3\cdot3\cdot5\cdot5\cdots\cdots}$

17世紀　ドイツ　　ライプニッツ　$\dfrac{\pi}{4} = 1 - \dfrac{1}{3} + \dfrac{1}{5} - \dfrac{1}{7} + \cdots\cdots$

18世紀　スイス　　オイラー　　　$\dfrac{\pi^2}{6} = \dfrac{1}{1^2} + \dfrac{1}{2^2} + \dfrac{1}{3^2} + \cdots\cdots$

(4) やがてコンピュータ時代で，桁数競争となり桁数も急速にふえ，ついに日本の筑波大学計算科学研究センターが，2兆5769億8037万桁を得た。
（2009年8月17日，発表）

（注）3月14日を**円周率の日**という。

（問）円周率の桁数を求める目的は，大きくわけて3つある。それをあげよ。

6　作図の公法，他

(1) 基本作図
目盛りのない**定木**と**コンパス**によって，求められる図を描くことが**作図**で，そのために9つの基本作図がある。

〔基本1〕線分 AB が与えられたとき，これに等しい線分 AB を作ること。

〔基本2〕与えられた角 A に等しい角 A を作ること。

〔基本3〕直線 g とその上にない点 P とが与えられたとき，P を通り g に平行な直線を引くこと。

　(作図) 点 P から g と交わる直線 ℓ を引き，ここにできた角 α を点 P に作った直線 h が求めるもの。

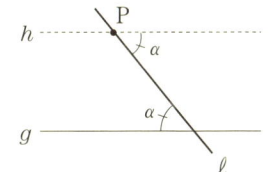

〔基本4〕線分 AB の垂直二等分線を作ること。

〔基本5〕直線 g とその上の点 P とが与えられたとき，P においてこの直線に垂線を作ること。

〔基本6〕直線 g とその上にない点 P とが与えられたとき，P から g に垂線を引くこと。

〔基本7〕与えられた3点 A,B,C を通る円をかくこと。

〔基本8〕与えられた角の二等分線を作ること。

〔基本9〕与えられた線分 AB を弦とし，その上に立つ円周角が α であるような弧を作ること。

(2) 作図問題を解く手段
① 問題の理解　② 計画　③ 実行　④ 反省（証明と吟味）

(3) 作図の三大難問
紀元前4世紀頃の作で，19世紀**作図不能**が証明された。

① 任意の角の三等分　② 立方体倍積問題

③ 円積問題（円と面積の等しい正方形を求める）

(注) ②はエーゲ海のデロス島で伝染病がはやったとき，神のお告げで，右の「神殿の立方体を2倍の立方体にしたら治る」とあり，そうしようとした問題である。

デロス島内の神殿跡

7 『原論』（ユークリッド幾何学）の内容

全体構成 ターレス以来300年間の多数の数学者（大部分は幾何学者）の膨大な研究資料を**ユークリッド**（一説には団体名）が体系的にまとめたのが，後世"学問の典型"といわれた『原論』である。

定義 点は部分のないものである。
　　　　線は幅のない長さである。
　　　　線の端は点である。
など23個ある。

要請 現在**公理**といわれ5個ある。
この中の第5公理が後世，大きな問題となった。（P.49）

基本性質 方程式などの解法に用いる。
　（1）同じものに等しいものは等しい。
　　　などで，8個ある。

定理 48個あるが，よく知られたものとしては，次がある。
　（定理5）二等辺三角形の両底角は等しい。
　（定理15）対頂角は等しい。
　（定理27）錯角が等しければ平行。

〔参考〕鉄道の線路は平行（並行）であるが，**遠近法**によると平行線がなくなる。上の第5公理ともかかわるものである。

鉄道線路

全体構成	
定　義	23個
要請（公理）	5個
共通概念 (基本性質)	8個
定理	48個

『ストイケイア』（原論）

第1巻	三角形の合同，平行四辺形　など
第2巻	幾何学的代数
第3巻	円論（円錐曲線）
第4巻	内接・外接多角形
第5巻	比例論
第6巻	相似形論
第7～9巻	整数論
第10巻	無理数論
第11巻	立体幾何
第12巻	体積論
第13巻	正多面体論

8　図形関連一覧表

　図形学（幾何学）は，田畑，絵画，遊戯，航海，戦争など，色々な場面，機会から誕生してきた。しかし，共通点は図形なので，これらの関連や系統を作ることは可能で，下の表がそれである。"教科書での図形学"は，ほんの一部であることを発見するであろう。

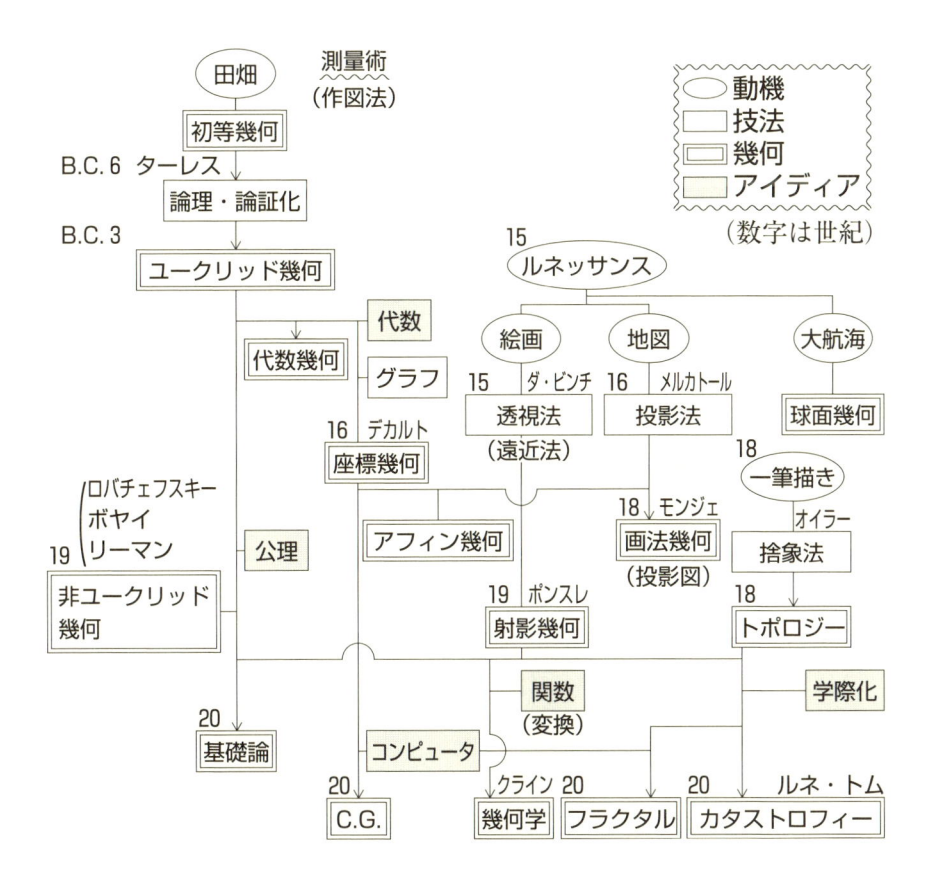

```
                        測量術
         田畑          （作図法）              ○ 動機
          ↓                                  □ 技法
         初等幾何                             ▭ 幾何
 B.C.6 ターレス  ↓                            ▤ アイディア
         論理・論証化
 B.C.3    ↓                                （数字は世紀）
         ユークリッド幾何          15
          ↓    ↓    ↓           ルネッサンス
               代数              ↓     ↓      ↓
         代数幾何               絵画   地図   大航海
               グラフ           15ダ・ビンチ 16メルカトール
          16 デカルト           透視法  投影法   球面幾何
         座標幾何              （遠近法）
                                        18↓モンジェ  一筆描き
  ロバチェフスキー                               画法幾何   オイラー
  ボヤイ    アフィン幾何                    （投影図）   捨象法
  19 リーマン            19 ポンスレ
         公理      射影幾何                       18
         ↓                                     トポロジー
         非ユークリッド
         幾何          関数
                    （変換）                    学際化
  20      ↓  コンピュータ
         基礎論
              20        クライン 20           20 ルネ・トム
              C.G.      幾何学   フラクタル   カタストロフィー
```

　　　　　　　　　　（注）CG：コンピュータ・グラフィックス
　　　　　　　　　　　　　フラクタル：破片
　　　　　　　　　　　　　カタストロフィー：破局

9　コンピュータ発展略史

　コンピュータは，数学，理工系，経済などだけでなく，世の中の全てを大きく変革する働きをしつつある。
　ここで，その発展の流れの概略をまとめてみよう。
　20世紀中頃，プリンストン高級研究所**フォン・ノイマン**教授が考案し，1945年ペンシルバニア大学のエッカード，モークレーの2人の学者が真空管18800本を使ったENIACを作った。その後，次のように第1世代から第6世代までの発展を続けている。

```
第1世代　真空管                  ┐
第2世代　トランジスタ              │
第3世代　IC（集積回路）            ├ 情報逐次処理（ノイマン型）
第4世代　LSI（多層集積回路          │
　　　　　〔高密な集積回路〕）      ┘

第5世代　超LSI（大規模集積回路）    ┐
　　　　　超格子（ジョセフソン素子） ├ 情報並列処理（非ノイマン型）
第6世代　ニューロ・コンピュータ      │
　　　　　（脳神経回路をモデル）     ┘
```

　基本的には，入力，出力，記憶，演算，制御の5装置からなる。

　　アナログ型電子計算機（相似型）
　　デジタル型電子計算機（計数型）

　数学の理論として

　　記号論理学
　　ブール代数

がある。文学に近い数学分野である。

　（注）童話『不思議の国のアリス』の著者チャールズ・ドジスン（ルイス・キャロルの本名）は，『記号論理学』が専門。高度の『ブール代数』にも関心があったという。

10 『アーメス・パピルス』概要

16, 94ページでも少し紹介したように，古代エジプトの紀元前17世紀の書記アーメスがそれまでの数学を巻紙（幅33cm，長さ5.5m）に記録したもので，その内容の概要は次のようである。

(注) 別名『リンド・パピルス』のリンドは，イギリスの考古学者で，1858年，最初にこのパピルスを世に紹介した人。

(1) 算術　例題1〜40

○分数計算　例題1　パン1個を10人で分けるとき，1人いくらか。

○一次方程式　例題24　ある数とその $\frac{1}{7}$ とを合わせると19になる。ある数を求めよ。

○等差級数　例題39　100個のパンを10人に分けるのに，50個は6人で等分し，残りは4人で等分する。このとき分け前の差を求めよ。

(2) 図形　例題41〜60

○面積・体積　例題42　直径10，高さ10の直円柱の穀物倉の体積は，いくらか。
　　　　　　　(注) P.104, 円周率でのものは 例題50 。

○ピラミッドの問題　例題56　高さ250キュービッド，底の一辺が360キュービッドあるピラミッドの勾配はいくらか。

(3) 雑題　例題61〜84

○比例配分　例題63　パン700個を4人に分けるのに，$\frac{2}{3}, \frac{1}{2}, \frac{1}{3}, \frac{1}{4}$ に比例で分けたとき，各人の受け取る分け前はいくらか。

○牛群の数　例題67　牛群の $\frac{1}{3}$ の $\frac{2}{3}$ が70頭であるときの牛群の数。

○パン交換　例題73　10ペフスのパン100個を，15ペフスのパンと交換するとき，何個とかえられるか。

○等比級数　例題79　初項が7，公比が7のとき，5項までの和を求めよ。

(注) これは後世の「7人の婦人が7個のカゴをもち，各カゴに7匹の猫がいて……」という問題に発展している。

(4) 断片　例題85〜87

11 『算経十書』とその前後

中国の長い歴史の中で，中国文化の栄えた時代の1つに**唐**があり，日本でも遣唐使たちを通して大きな影響を受けた。

数学上では，エジプトの『アーメス・パピルス』，ギリシアの『原論』などと同様，唐代にそれまでの名著10著（＋1著）☆をまとめた『算経十書（さんけいじっしょ）』が有名で，後世に大きな貢献をした。それをまとめてみよう。

算経十書

- 周髀算経
- 九章算術
- 数術記遺
- 海島算経
- 五曹算経
- 孫子算経
- 夏侯陽算経
- 張邱建算経
- 五経算経
- 緝古算経

（注）☆初め，『綴術（てつじゅつ）』が入っていたが，あまりに難解なため除かれ，代わりに『緝古算経（しゅうこ）』が入った。

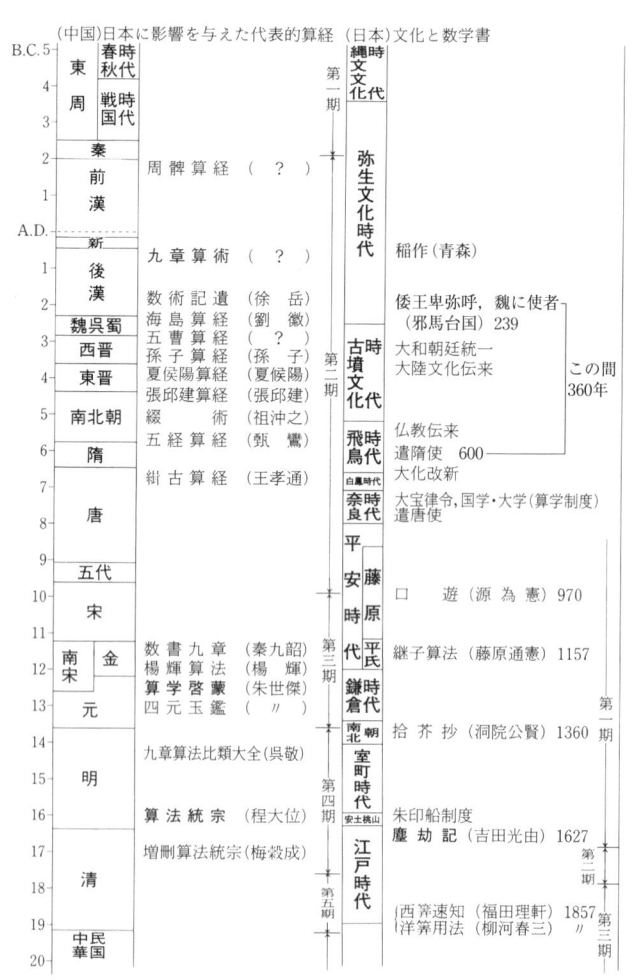

世紀	(中国)	日本に影響を与えた代表的算経		(日本)	文化と数学書	
B.C.5	東周	春秋時代		第一期	縄文文化時代	
4		戦国時代				
3						
2	秦				弥生文化時代	
	前漢	周髀算経 （?）				
1						
A.D.	新					稲作（青森）
1	後漢	九章算術 （?）				
2		数術記遺 （徐岳）				倭王卑弥呼，魏に使者（邪馬台国）239
3	魏呉蜀	海島算経 （劉徽）				
	西晋	五曹算経 （?）		第二期	古墳文化時代	大和朝廷統一・大陸文化伝来
4	東晋	孫子算経 （孫子）				この間360年
		夏侯陽算経 （夏侯陽）				
		張邱建算経 （張邱建）				
5	南北朝	綴術 （祖沖之）				
6	隋	五経算経 （甄鸞）		飛鳥時代		仏教伝来 遣隋使 600 大化改新
7	唐	緝古算経 （王孝通）		白鳳時代 奈良時代		大宝律令，国学・大学（算学制度）遣唐使
8						
9						
10	五代			平安時代 藤原氏		口遊（源為憲）970
11	宋					
12	南宋 金	数書九章 （秦九韶） 楊輝算法 （楊輝）	第三期	平氏 鎌倉時代		継子算法（藤原通憲）1157
13	元	算学啓蒙 （朱世傑） 四元玉鑑 （〃）		南北朝 明	室町時代	拾芥抄（洞院公賢）1360 第一期
14						
15	明	九章算法比類大全（呉敬）				
16		算法統宗 （程大位）	第四期	安土桃山		朱印船制度
17	清	増刪算法統宗（梅穀成）		江戸時代		塵劫記（吉田光由）1627 第二期
18						
19	中華民国		第五期			西斉速知（福田理軒）1857 洋筭用法（柳河春三）〃 第三期
20						

12 『塵劫記』の内容と寺子屋

「天下一割算指南所」 江戸時代初期，中国から帰国した商人 毛利重能は，京都のほぼ中央にある本能寺近くに"ソロバン塾"（上記の名）を開設した。平和になり商業活動が盛んになったこともあり，つねに門生200～300人という大繁盛であったという。

『塵劫記』（じんこうき） 高弟の１人で，裕福な角倉一族の吉田光由は，中国の名著**『算法統宗』**を参考にして３巻の本を著作した。書名は天龍寺の僧舜岳玄光により「塵劫来事（じんこうらいじ），糸毫も隔てず（しごうもへだてず）」からつけられた，という。色刷り，絵入り本で，右がその書の目録。下巻のパズル系内容は，原本を超えたものである。

寺子屋の参考書 この本は，江戸約300年間の庶民教育で，算数教科書として用いられただけでなく，『和算』入門書としても広く使用された。

（注）「日本の○○算」（P.104）の原型もある。

〔参考〕『和算』初期系譜

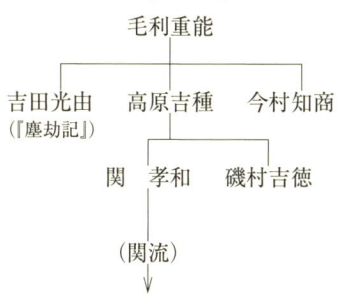

```
           毛利重能
      ┌──────┼──────┐
   吉田光由   高原吉種   今村知商
   (『塵劫記』)
           ┌──────┬──────┐
         関 孝和   磯村吉徳
           │
         (関流)
```

『塵劫記』目録1627年（寛永八年版）

第1	大数の名の事	（上巻）
第2	１よりうちの小数の名の事	
第3	一石よりうちの小数の名の事	
第4	田の名数の事	日常の必須
第5	諸物軽重の事	
第6	九九の事	
第7	八算割りの図付掛け算あり	
第8	見一の割りの図付掛け算あり	
第9	掛けて割れる算の事	
第10	米売り買いの事	
第11	俵まわしの事	
第12	杉算の事	米俵
第13	蔵に俵の入り積りの事	
第14	ぜに売り買いの事	
第15	銀両がえの事	
第16	金両がえの事	金銭計算
第17	小判両がえの事	
第18	利足の事	
第19	きぬもんめんの売り買いの事	
㊀第20	入子算の事	（中巻）
㊀第21	長崎の買物，三人相合買い分けて取る事	
第22	船の運賃の事	
第23	検地の事	
第24	知行成の事	
第25	ますの法付昔枡の法あり	
第26	よろづにます目積る事	
第27	材木売り買いの事	
第28	ひわだまわしの事付竹のまわしもあり	商業土木
第29	やねのふき板積る事付勾配の延びあり	
第30	屏風の箔区く積りの事	
第31	川普請割りの事	
第32	堀普請割りの事	
第33	橋の入目を町中へ割りかける事	（下巻）
第34	立木の長さを積る事	
第35	町積るの事	
㊀第36	ねずみ算の事	
㊀第37	日に日に一倍の事（倍々算）	
㊀第38	日本国中の男女数の事	
㊀第39	からす算の事	
第40	金銀千枚を開立法に積る事	パズル的問題
第41	絹一反，布一反，糸の長さの事	
㊀第42	油分ける事　　（油分け算）	
㊀第43	百五減の事　　（百五減算）	
㊀第44	薬師算という事	
㊀第45	六里を四人して馬三匹に乗る事	
第46	開平法の事	
第47	開平円法の事	（注）○はパズル系，彼の創案。
第48	開立法の事	

13 数学発展史

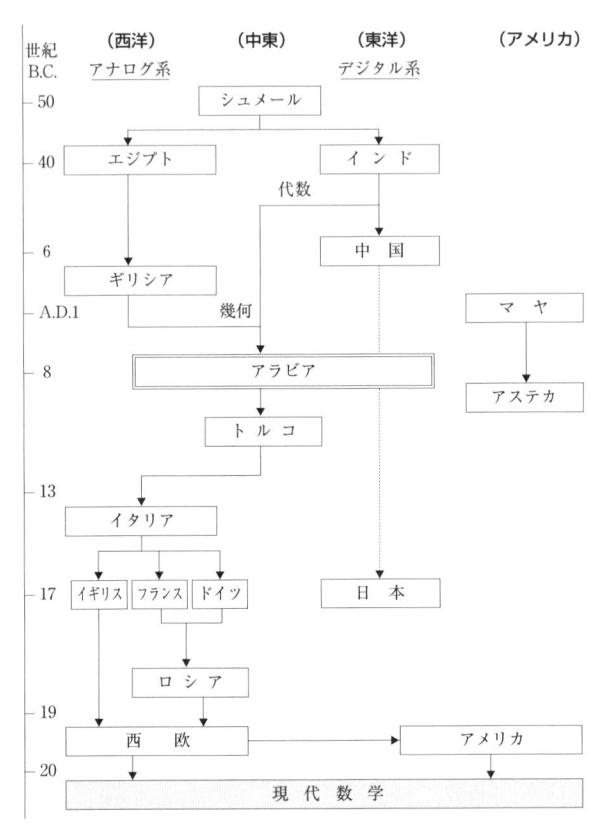

世紀 B.C.	（西洋）アナログ系	（中東）	（東洋）デジタル系	（アメリカ）
50		シュメール		
40	エジプト		インド	
6		代数	中国	
A.D.1	ギリシア	幾何		マヤ
8		アラビア		アステカ
		トルコ		
13	イタリア			
17	イギリス／フランス／ドイツ		日本	
		ロシア		
19	西欧			アメリカ
20		現代数学		

(注) □ の幅は年数ではない。

アルゴリズム 9世紀アラビアの数学者アル・ファーリズミーの名がなまった語で，これは**算法**とか**手順**と訳されている。（**流れ図**，フローチャートともいう。）

アル・ファーリズミーは，文章題を解くのに，古代からの「**仮定法**」という解法に代わる，「**移項法**」という簡便，正確な方法を考案した。

この方法は，現代の方程式解法で，基本的には右の"流れ図"法によっている。これは品物の製造過程や建設などの手順，そのものである。

これは，「問題を分析し，判断したあと一定の手順で順序よく実行していく」方法である。

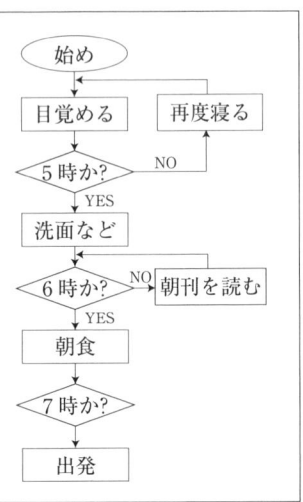

```
始め
 ↓
目覚める ← 再度寝る
 ↓          ↑
<5時か?> —NO
 ↓YES
洗面など
 ↓
<6時か?> —NO→ 朝刊を読む
 ↓YES
朝食
 ↓
<7時か?>
 ↓
出発
```

問の解答

I 数字・数・量 (P.5)

○電話番号
  ① 宝石屋（よい石）
  ② 肉屋（よい肉）
  ③ 清掃会社（汚れろ）
  ④ 悩み相談室（悩みゼロ）
  ⑤ 葬儀社（おくやみ）

○冠デー
  ① 耳の日　② 歯の日（虫歯）
  ③ 納豆の日　④ 箸の日
  ⑤ ソロバンの日（パチパチ）
  ⑥ くじの日　⑦ 鰯の日
  ⑧ 魚の日（トト）
  ⑨ 塗物の日（イイ色）
  ⑩ いい夫婦の日

○ 24×7
 $= (20 + 4) \times 7$ 　展開記法
 $= 20 \times 7 + 4 \times 7$ 　分配法則
 $= 140 + 28$ 　乗法九九
 $= 168$ 　加法九九

○ $82347 + 17652 = 99999$
　$43150 + 56849 = 99999$

○万能枡

最高 $1000cm^3$ から $400cm^3$ までで、これを傾けて $\frac{1}{2}$、斜めで $\frac{1}{3}$。6種類（14cmに1cm毎に印をつけると、さらにふえる）測れる。

II 数式・文字式 (P.16)

○（例1）
 $(10 + 1) \times 2 = 22$ ……2軒目すみ
 $(22 + 1) \times 2 = 46$ ……1軒目すみ
 $(46 + 1) \times 2 = 94$ 　　　__94個__

（例2）
$17 + 1 = 18$ より
長男 $18 \times \frac{1}{2} = 9$
次男 $18 \times \frac{1}{3} = 6$ ⎫ 17（頭）
三男 $18 \times \frac{1}{9} = 2$ ⎭

1頭余り，お坊さんに返してメデタシ。しかし，最初ダメだったのにふしぎ。

○5本で425円なので，
(1) 直観，常識で85円ぐらい。
(2) シラミツブシ法。80円ぐらいから順に調べる。
(3) 試行錯誤。100円前後で計算する。
(4) 仮定法。1本80円と仮定し，微調整する。
(5) $425 \div 5$ で計算。
(6) $5x = 425$ から x を求める。
(7) 図を描いて調べる。

III 比・比例 (P.24)

○男：　　妻 $= 5 : 3$
　　女：妻 $= 3 : 4$
　男：女：妻 $= 20 : 9 : 12$

IV 関数 (P.28)

○日常では，ガス・水道・電話料金など。
（料金）＝ (基本料金) ＋ (使用量)
　　　　　　一定　　　　比例

V 基礎図形 (P.34)

○中点連結定理

△AMN≡△CPN

（2辺と夾角）

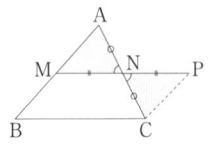

よって

AM ≟ CP　これより BM ≟ CP

四角形 MBCP は平行四辺形。

ゆえに　MP ≟ BC

よって　MN ≟ $\frac{1}{2}$ BC

○紙テープで作れる図形

(1) 直角三角形　(2) 正方形

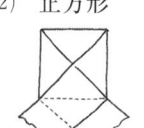

(3) ひし形　(4) 六角形

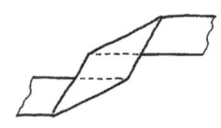

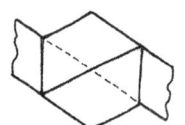

○共通外接線，共通内接線

　外接線は2円の半径の差　⎫
　内接線は2円の半径の和　⎬ の円
　　　　　　　　　　　　　⎭

を描き，あとはヒントによる。

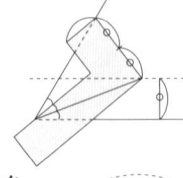

○右の方法

　による。

○四角，丸，三角

の立体の見取図。

側面は放物線の形

になる。

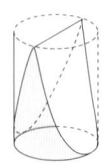

○せんべい（平面と考えて）

　直径の比　4：1

　面積の比　4^2：1 = 16：1

　よって30円×16 = 480円

○円錐の体積

（円錐台の体積）=（大円錐の体積）

　　　　　　　　 −（小円錐の体積）

　　　　　　　 = V − A = 8A − A = 70cm³

VI 色々な幾何学 (P.49)

○「点の大小」はない。これは集合論

で「自然数と偶数の個数が等しい」

(P.65) というのと同じで，無限での

話は常識と異なる。

○右図　　　　　　　　　三角錐台

○一筆描き

　Aは，自由に描ける。

　Bは，ある点から描き

　　始めるとできる。

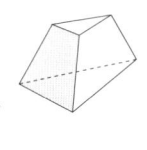

　Cは，不可能。

○穴1では示性数が0，2つでは−2。

VII 論理 (P.58)

○吟味に相

当するもの

は点P_1に対

し点P_2，点

P_3それぞれ

の場合につ

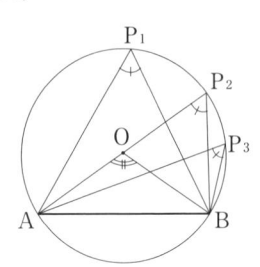

いても証明が必要。

○両者の「最初の裁判で勝てば――」

という仮定が誤り。

○ネズミ講は「人口が無限のとき成り立つ話」なので，有限人口では行き詰まり，後半は被害者が出る。

○「ツェノンの逆説」

(1) アキレスと亀

アキレスが，彼より前方にスタート地点がある亀と同時に出発するとき，アキレスが亀の地点に来たとき，亀はその時間分前方にいる。この論理は永遠に続くので，アキレスは亀に追いつけない。

(2) 二分法

いまドアまで行こうとするとき，まずそこへの中点まで行くことが必要で，そのためにこの中点の中点まで行かなくてはならない。ということは，ドアまでの無限の点を通らなくてはならないので，有限の時間では行けない。

(3) 飛矢不動

弓で矢をはなったとき，矢は空中を飛ぶ，ということは，一瞬空中に止まっている。止まった矢はなぜ飛ぶのか。

(4) 競技場

固定した4本の杭に対応して動く杭が2組あり，この2組の杭がそれぞれ反対に1つ移動したとき，固定の方からみると2つ移動になる。つまり，ある時間と2倍の時間は等しい，ということ。

VIII 統計学 (P.67)

○グラフが地震と類似のものは，雨量である。つまり，雨が降って水量がふえると，岸壁に圧力がかかり，岩の身震いで微小地震が起きた。（水面変化のグラフでもよい）

IX 確率論 (P.73)

○おのおのの「確からしさ」を調べ，表にすると，

和9	(126) 6	(135) 6	(144) 3	(225) 3	(234) 6	(333) 1
和10	(136) 6	(145) 6	(226) 3	(235) 6	(244) 3	(334) 3

和9は 25   和10は 27

X 推計学と保険学 (P.78)

○残りの4羽の鳥は右のように配置すればよい。

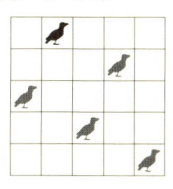

（別案もある）

XI 微分・積分学 (P.81)

○等差数列

$S = \frac{1}{2}n\{6 + (n-1) \times 4\}$
$= n(2n+1)$

○公式

(1) $\dfrac{0.23}{1-0.01} = \dfrac{23}{99}$

(2) $100A = 23.2323\cdots$
$\underline{-) A = 0.2323\cdots}$
$99A = 23$
$A = \dfrac{23}{99}$

XII ベクトルと行列 (P.88)

○ $\begin{pmatrix} 430 & 386 & 402 \\ 415 & 391 & 387 \end{pmatrix}$

XIII カタカナ数学 (P.90)

○ ギリシア語 $\gamma\varepsilon\omega\mu\varepsilon\rho\iota\alpha$

英語 geo-metry (ジェオ)
（土地）（測る）

ジェオを幾何と音を当て，「面積いくら」の意味も兼ねた中国語。

XIV 数学略史 (P.95)

○ 計算万能のコンピュータを扱う技師たちが相当する。

○ 微積分学，公理主義，抽象代数など

補 日本の数学 (P.100)

○ 和算では最高の免許で，その子と高弟 2 人にしか与えられず，その中には流派の秘伝もあった。

参考資料 (P.103)

○ 円周率の桁数を求める理由

① プログラムの検討・開発

② コンピュータの機械改良

③ 無限小数への興味

（数字の並びや特徴など）

④ 乱数の使用，他

など

落穂拾い

1　算盤（アバクス）と筆算公開試合

(16世紀)

左が筆算派 中央が算盤派の人

2　『塵劫記』の問題例 (17世紀)

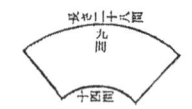

3　円錐の切口が卵型？

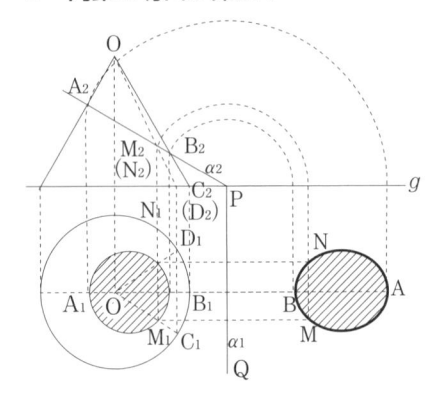

（注）投影図で"楕円"の証明。
54ページ参照。

付　録

1	ギリシア文字とギリシア世界	120
2	数学者の言葉	121
3	単位換算表	122
4	素数表	123
5	平方・平方根・逆数・対数の表	124
6	乱数表	125
○	86年前の新聞（著者「誕生日」のもの。下記）	119
	（自分の誕生年月日の新聞を探そう）	
○	索引	126
○	『数学』を『万手学（まてがく）』に改称する提案	142

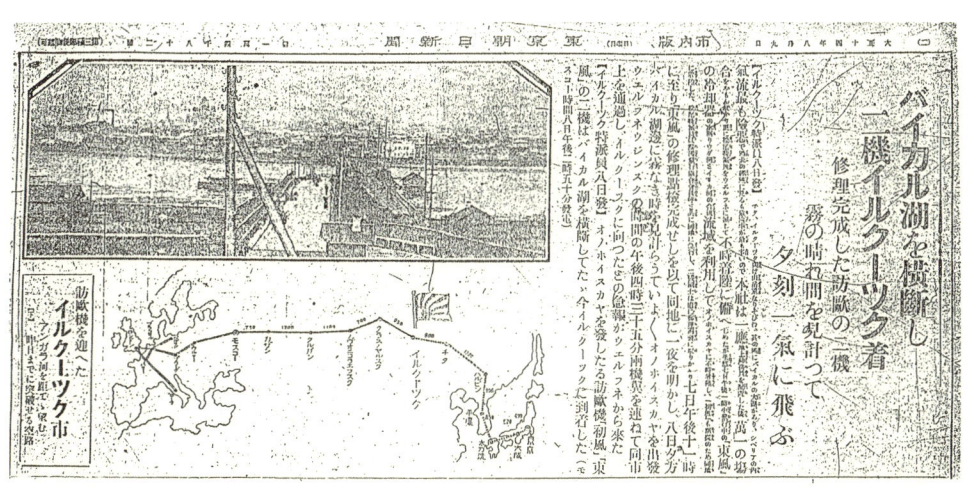

（大正14年8月9日，東京朝日新聞）

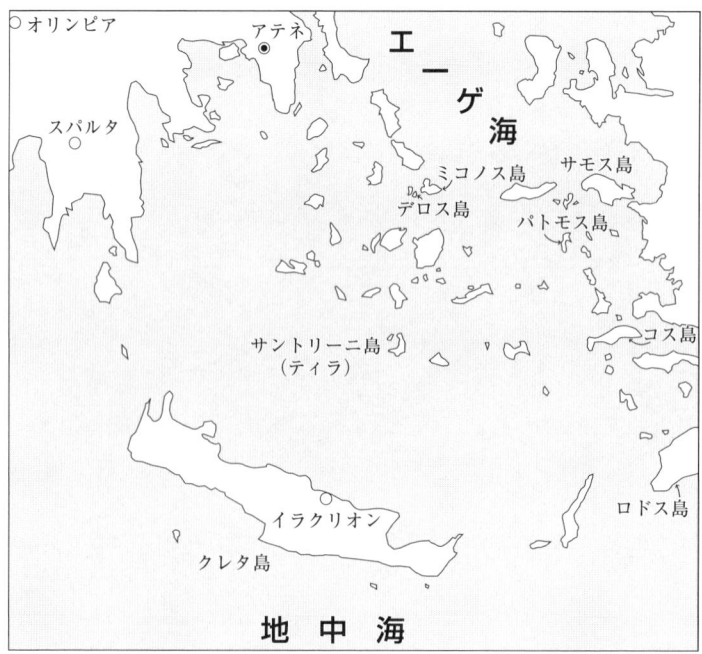

1 ギリシア文字

大文字	小文字	発　　音	大文字	小文字	発　　音
A	α	アルファ	N	ν	ニュー
B	β	ベータ （ビータ）	Ξ	ξ	クシイ （グザイ）
Γ	γ	ガンマ	O	o	オミクロン
Δ	δ	デルタ	Π	π	パイ
E	ε	イプシロン	P	ρ	ロー
Z	ζ	ツェータ	Σ	σ	シグマ
H	η	イータ	T	τ	タウ
Θ	θ	シータ （テータ）	Υ	υ	ウプシロン
I	ι	イオタ	Φ	ϕ	ファイ （フィー）
K	κ	カッパ	X	χ	カイ
Λ	λ	ラムダ	Ψ	ψ	プサイ （プシー）
M	μ	ミュー	Ω	ω	オメガ

ギリシア
世界

特に数学
関連の島
○サモス島
○デロス島
○クレタ島
都市
○アテネ

2　数学者の言葉

　100人の数学者がいれば，100人の名言があるであろう。
　この中には，またまた，神にかかわる名言もあり，数学の真髄を述べているものもある。まずは，神にかかわる名言から。
　○神は幾何学する。　　　　　　　　　（ギリシア，紀元前4世紀，プラトン）
　○神はつねに算術したもう。　　　　　　（スイス，19世紀，ヤコブ）
　○自然数は神が創った，あとの数は人間が創った。
　　　　　　　　　　　　　　　　　　　（ドイツ，19世紀，クロネッカー）
数学の本質に関しては，興味深い次のようなものがある。(時代順)
　○万物は数である。　　　　　　（ギリシア，紀元前5世紀，ピタゴラス）
　○数は宇宙を支配する。　　　　　　　　　　　　　　　　　（同上）
　○幾何学を知らざる者，この門に入るを禁ず。
　　　　　　　　　　　　　　　　　　　（ギリシア，紀元前4世紀，プラトン）
　○幾何学に王道なし。　　　（ギリシア，紀元前3世紀，ユークリッド）
　○計算尺(対数)の発見は，天文学者の寿命を2倍にした。
　　　　　　　　　　　　　　　　　　　　（イギリス，17世紀，ネピア）
　○数学の進歩と完成は，国家の繁栄と密接に結びついている。
　　　　　　　　　　　　　　　　　　　　（フランス，19世紀，ナポレオン）
　○科学の女王は数学，数学の女王は整数である。（ドイツ，19世紀，ガウス）
　○音楽は感覚の数学であり，数学は理性の音楽である。
　　　　　　　　　　　　　　　　　　　（イギリス，19世紀，シルベスター）
　○詩人の素質をもち合わせない数学者は，完璧な数学者とはいえない。
　　　　　　　　　　　　　　　　　　　（ドイツ，19世紀，ワイヤストラス）
　○いかなる機械的な過程をもってしても，数学者の自由な独創力に替
　　えることはできない。　　　　　　（フランス，20世紀，ポアンカレ）
　○数学の本質は，その自由性にあり。　（ドイツ，20世紀，カントール）
　○万巻の書を読み，万里の道を行き，万手の法を学ぶ。
　　　　　　　　　　　　　　　　　　　　（日本，21世紀，仲田紀夫）

3 単位換算表

1 長さ

cm	in(インチ)	寸	尺	ft(フィート)	yd(ヤード)	m	間
1	0.3937	0.33	0.033	0.032808	0.001936	0.01	0.00550
2.5400	1	0.8382	0.08382	0.08333	0.027778	0.02540	0.013970
3.0303	1.1930	1	0.1	0.09942	0.03314	0.030303	0.016667
30.303	11.930	10	1	0.9942	0.3314	0.30303	0.16667
30.480	12	10.058	1.0058	1	0.3333	0.3048	0.16764
91.440	36.00	30.175	3.0175	3	1	0.91440	0.5029
100	39.37	33	3.3	3.2808	1.0936	1	0.5500
181.82	71.58	60	6	5.965	1.9882	1.8182	1

yd	間	chain(チェーン)	町	km	mi(マイル)	海里	里
1	0.5029	0.04546	0.008382	0.0009144	0.0005682	0.0004934	0.0002328
1.9882	1	0.09038	0.016667	0.0018182	0.0011298	0.0009811	0.0004630
22	11.064	1	0.18440	0.020117	0.012500	0.010855	0.005122
119.29	60	5.422	1	0.10909	0.06778	0.05887	0.02778
1093.6	550.0	49.71	9.167	1	0.62136	0.5396	0.25463
1760	885.1	80	14.753	1.6093	1	0.8684	0.4098
2027.5	1019.3	92.16	16.988	1.8532	1.1515	1	0.4719
4294	2160	195.20	36	3.9273	2.4403	2.1192	1

チェーン:ヤード・ポンド法の長さを表す単位。

2 面積

cm^2	in^2	$寸^2$	$尺^2$	ft^2	m^2	坪	a(アール)
1	0.15500	0.10890	0.001089	0.0010763	0.0001	0.000030	
6.4516	1	0.70258	0.007026	0.006944	0.0006452	0.00019355	
9.1827	1.4233	1	0.01	0.009884	0.0009183	0.0002778	
918.27	142.33	100	1	0.9884	0.09183	0.02778	0.0009183
929.03	144	101.167	1.01167	1	0.09290	0.02810	0.0009290
10000	1550.	1089	10.89	10.764	1	0.3025	0.01
33058	5124.	3600	36	35.583	3.3058	1	0.033055
		108900	1089	1076.4	100	30.25	1

坪	a	A(エーカー)	町歩	ha(ヘクタール)	km^2	mi^2(平方マイル)	方里
1	0.033055	0.0008168	0.00033329	0.00033055			
30.25	1	0.024711	0.010083	0.01	0.0001	0.00003861	
1224.2	40.469	1	0.40806	0.40469	0.0040469	0.0015625	0.0002624
3000	99.174	2.4506	1	0.99174	0.0099174	0.003829	0.0006430
3025	100	2.4711	1.00833	1	0.01	0.003861	0.0006484
302500	10000	247.11	100.833	100	1	0.38961	0.06484
	25900	640	261.14	259.00	2.5900	1	0.16793
		3811.2	1555.2	1542.35	15.4235	5.955	1

1 エーカー (acre) = 4840yd^2, 1町歩 = 10段 = 100畝 = 3000坪

4　素数表

	257	601	977	1373	1777	2213	2659	3079	3539	3989	4451	4937
2	263	607	983	1381	1783	2221	2663	3083	3541	4001	4457	4943
3	269	613	991	1399	1787	2237	2671	3089	3547	4003	4463	4951
5	271	617	997	1409	1789	2239	2677	3109	3557	4007	4481	4957
7	277	619	1009	1423	1801	2243	2683	3119	3559	4013	4483	4967
11	281	631	1013	1427	1811	2251	2687	3121	3571	4019	4493	4969
13	283	641	1019	1429	1823	2267	2689	3137	3581	4021	4507	4973
17	293	643	1021	1433	1831	2269	2693	3163	3583	4027	4513	4987
19	307	647	1031	1439	1847	2273	2699	3167	3593	4049	4517	4993
23	311	653	1033	1447	1861	2281	2707	3169	3607	4051	4519	4999
29	313	659	1039	1451	1867	2287	2711	3181	3613	4057	4523	5003
31	317	661	1049	1453	1871	2293	2713	3187	3617	4073	4547	5009
37	331	673	1051	1459	1873	2297	2719	3191	3623	4079	4549	5011
41	337	677	1061	1471	1877	2309	2729	3203	3631	4091	4561	5021
43	347	683	1063	1481	1879	2311	2731	3209	3637	4093	4567	5023
47	349	691	1069	1483	1889	2333	2741	3217	3643	4099	4583	5039
53	353	701	1087	1487	1901	2339	2749	3221	3659	4111	4591	5051
59	359	709	1091	1489	1907	2341	2753	3229	3671	4127	4597	5059
61	367	719	1093	1493	1913	2347	2767	3251	3673	4129	4603	5077
67	373	727	1097	1499	1931	2351	2777	3253	3677	4133	4621	5081
71	379	733	1103	1511	1933	2357	2789	3257	3691	4139	4637	5087
73	383	739	1109	1523	1949	2371	2791	3259	3697	4153	4639	5099
79	389	743	1117	1531	1951	2377	2797	3271	3701	4157	4643	5101
83	397	751	1123	1543	1973	2381	2801	3299	3709	4159	4649	5107
89	401	757	1129	1549	1979	2383	2803	3301	3719	4177	4651	5113
97	409	761	1151	1553	1987	2389	2819	3307	3727	4201	4657	5119
101	419	769	1153	1559	1993	2393	2833	3313	3733	4211	4663	5147
103	421	773	1163	1567	1997	2399	2837	3319	3739	4217	4673	5153
107	431	787	1171	1571	1999	2411	2843	3323	3761	4219	4679	5167
109	433	797	1181	1579	2003	2417	2851	3329	3767	4229	4691	5171
113	439	809	1187	1583	2011	2423	2857	3331	3769	4231	4703	5179
127	443	811	1193	1597	2017	2437	2861	3343	3779	4241	4721	5189
131	449	821	1201	1601	2027	2441	2879	3347	3793	4243	4723	5197
137	457	823	1213	1607	2029	2447	2887	3359	3797	4253	4729	5209
139	461	827	1217	1609	2039	2459	2897	3361	3803	4259	4733	5227
149	463	829	1223	1613	2053	2467	2903	3371	3821	4261	4751	5231
151	467	839	1229	1619	2063	2473	2909	3373	3823	4271	4759	5233
157	479	853	1231	1621	2069	2477	2917	3389	3833	4273	4783	5237
163	487	857	1237	1627	2081	2503	2927	3391	3847	4283	4787	5261
167	491	859	1249	1637	2083	2521	2939	3407	3851	4289	4789	5273
173	499	863	1259	1657	2087	2531	2953	3413	3853	4297	4793	5279
179	503	877	1277	1663	2089	2539	2957	3433	3863	4327	4799	5281
181	509	881	1279	1667	2099	2543	2963	3449	3877	4337	4801	5297
191	521	883	1283	1669	2111	2549	2969	3457	3881	4339	4813	5303
193	523	887	1289	1693	2113	2551	2971	3461	3889	4349	4817	5309
197	541	907	1291	1697	2129	2557	2999	3463	3907	4357	4831	5323
199	547	911	1297	1699	2131	2579	3001	3467	3911	4363	4861	5333
211	557	919	1301	1709	2137	2591	3011	3469	3917	4373	4871	5347
223	563	929	1303	1721	2141	2593	3019	3491	3919	4391	4877	5351
227	569	937	1307	1723	2143	2609	3023	3499	3923	4397	4889	5381
229	571	941	1319	1733	2153	2617	3037	3511	3929	4409	4903	5387
233	577	947	1321	1741	2161	2621	3041	3517	3931	4421	4909	5393
239	587	953	1327	1747	2179	2633	3049	3527	3943	4423	4919	5399
241	593	967	1361	1753	2203	2647	3061	3529	3947	4441	4931	5407
251	599	971	1367	1759	2207	2657	3067	3533	3967	4447	4933	5413

5　平方・平方根・逆数・対数の表

n	n^2	$\sqrt{n}$	$\sqrt{10n}$	$\dfrac{1}{n}$	$\log n$	n	n^2	$\sqrt{n}$	$\sqrt{10n}$	$\dfrac{1}{n}$	$\log n$
1	1	1.0000	3.1623	1.00000	0.0000	51	2601	7.1414	22.5832	0.01961	1.7076
2	4	1.4142	4.4721	0.50000	0.3010	52	2704	7.2111	22.8035	0.01923	1.7160
3	9	1.7321	5.4772	0.33333	0.4771	53	2809	7.2801	23.0217	0.01887	1.7243
4	16	2.0000	6.3246	0.25000	0.6021	54	2916	7.3485	23.2379	0.01852	1.7324
5	25	2.2361	7.0711	0.20000	0.6990	55	3025	7.4162	23.4521	0.01818	1.7404
6	36	2.4495	7.7460	0.16667	0.7782	56	3136	7.4833	23.6643	0.01786	1.7482
7	49	2.6458	8.3666	0.14286	0.8451	57	3249	7.5498	23.8747	0.01754	1.7559
8	64	2.8284	8.9443	0.12500	0.9031	58	3364	7.6158	24.0832	0.01724	1.7634
9	81	3.0000	9.4868	0.11111	0.9542	59	3481	7.6811	24.2899	0.01695	1.7709
10	100	3.1623	10.0000	0.10000	1.0000	60	3600	7.7460	24.4949	0.01667	1.7782
11	121	3.3166	10.4881	0.09091	1.0414	61	3721	7.8102	24.6982	0.01639	1.7853
12	144	3.4641	10.9545	0.08333	1.0792	62	3844	7.8740	24.8998	0.01613	1.7924
13	169	3.6056	11.4018	0.07692	1.1139	63	3969	7.9373	25.0998	0.01587	1.7993
14	196	3.7417	11.8322	0.07143	1.1461	64	4096	8.0000	25.2982	0.01563	1.8062
15	225	3.8730	12.2474	0.06667	1.1761	65	4225	8.0623	25.4951	0.01538	1.8129
16	256	4.0000	12.6491	0.06250	1.2041	66	4356	8.1240	25.6905	0.01515	1.8195
17	289	4.1231	13.0384	0.05882	1.2304	67	4489	8.1854	25.8844	0.01493	1.8261
18	324	4.2426	13.4164	0.05556	1.2553	68	4624	8.2462	26.0768	0.01471	1.8325
19	361	4.3589	13.7840	0.05263	1.2788	69	4761	8.3066	26.2679	0.01449	1.8388
20	400	4.4721	14.1421	0.05000	1.3010	70	4900	8.3666	26.4575	0.01429	1.8451
21	441	4.5826	14.4914	0.04762	1.3222	71	5041	8.4261	26.6458	0.01408	1.8513
22	484	4.6904	14.8324	0.04545	1.3424	72	5184	8.4853	26.8328	0.01389	1.8573
23	529	4.7958	15.1658	0.04348	1.3617	73	5329	8.5440	27.0185	0.01370	1.8633
24	576	4.8990	15.4919	0.04167	1.3802	74	5476	8.6023	27.2029	0.01351	1.8692
25	625	5.0000	15.8114	0.04000	1.3979	75	5625	8.6603	27.3861	0.01333	1.8751
26	676	5.0990	16.1245	0.03846	1.4150	76	5776	8.7178	27.5681	0.01316	1.8808
27	729	5.1962	16.4317	0.03704	1.4314	77	5929	8.7750	27.7489	0.01299	1.8865
28	784	5.2915	16.7332	0.03571	1.4472	78	6084	8.8318	27.9285	0.01282	1.8921
29	841	5.3852	17.0294	0.03448	1.4624	79	6241	8.8882	28.1069	0.01266	1.8976
30	900	5.4772	17.3205	0.03333	1.4771	80	6400	8.9443	28.2843	0.01250	1.9031
31	961	5.5678	17.6068	0.03226	1.4914	81	6561	9.0000	28.4605	0.01235	1.9085
32	1024	5.6569	17.8885	0.03125	1.5051	82	6724	9.0554	28.6356	0.01220	1.9138
33	1089	5.7446	18.1659	0.03030	1.5185	83	6889	9.1104	28.8097	0.01205	1.9191
34	1156	5.8310	18.4391	0.02941	1.5315	84	7056	9.1652	28.9828	0.01190	1.9243
35	1225	5.9161	18.7083	0.02857	1.5441	85	7225	9.2195	29.1548	0.01176	1.9294
36	1296	6.0000	18.9737	0.02778	1.5563	86	7396	9.2736	29.3258	0.01163	1.9345
37	1369	6.0828	19.2354	0.02703	1.5682	87	7569	9.3274	29.4958	0.01149	1.9395
38	1444	6.1644	19.4936	0.02632	1.5798	88	7744	9.3808	29.6648	0.01136	1.9445
39	1521	6.2450	19.7484	0.02564	1.5911	89	7921	9.4340	29.8329	0.01124	1.9494
40	1600	6.3246	20.0000	0.02500	1.6021	90	8100	9.4868	30.0000	0.01111	1.9542
41	1681	6.4031	20.2485	0.02439	1.6128	91	8281	9.5394	30.1662	0.01099	1.9590
42	1764	6.4807	20.4939	0.02381	1.6232	92	8464	9.5917	30.3315	0.01087	1.9638
43	1849	6.5574	20.7364	0.02326	1.6335	93	8649	9.6437	30.4959	0.01075	1.9685
44	1936	6.6332	20.9762	0.02273	1.6435	94	8836	9.6954	30.6594	0.01064	1.9731
45	2025	6.7082	21.2132	0.02222	1.6532	95	9025	9.7468	30.8221	0.01053	1.9777
46	2116	6.7823	21.4476	0.02174	1.6628	96	9216	9.7980	30.9839	0.01042	1.9823
47	2209	6.8557	21.6795	0.02128	1.6721	97	9409	9.8489	31.1448	0.01031	1.9868
48	2304	6.9282	21.9089	0.02083	1.6812	98	9604	9.8995	31.3050	0.01020	1.9912
49	2401	7.0000	22.1359	0.02041	1.6902	99	9801	9.9499	31.4643	0.01010	1.9956
50	2500	7.0711	22.3607	0.02000	1.6990	100	10000	10.0000	31.6228	0.01000	2.0000

6　乱数表

94 13 62 65 43	76 64 64 87 95	09 17 33 84 15	71 44 59 73 02	97 90 06 10 07
18 62 55 60 01	85 32 12 08 73	64 36 42 51 56	71 03 31 16 64	56 93 46 96 61
68 77 27 49 86	29 39 30 35 75	17 70 40 74 29	81 73 95 86 74	66 16 49 26 22
95 93 82 34 90	29 31 91 58 97	30 01 51 42 24	03 67 87 65 75	96 60 03 12 68
31 55 38 83 59	17 83 83 76 16	05 77 99 97 23	43 58 01 98 63	47 82 86 97 93
81 81 76 33 35	44 67 97 19 53	93 76 33 20 01	68 23 82 85 42	54 85 60 18 82
05 18 44 23 18	01 26 84 93 60	95 90 10 86 55	74 98 57 04 00	05 42 45 96 37
73 02 08 33 04	01 12 90 06 73	47 60 17 52 27	09 89 60 44 33	38 90 66 57 09
06 09 71 20 99	06 13 42 52 12	93 08 32 10 97	74 77 96 93 09	39 97 54 15 14
63 01 72 01 40	84 66 49 46 33	64 57 09 02 62	53 54 79 68 81	85 74 59 54 57
23 43 90 96 30	16 00 82 94 14	39 60 28 46 33	75 50 01 27 20	96 74 26 12 71
46 24 76 71 25	80 39 72 86 48	20 33 78 66 21	56 58 59 32 60	55 47 88 48 10
16 78 91 45 79	27 12 15 85 89	62 83 95 33 11	62 63 60 90 10	03 30 83 37 61
52 78 13 58 35	04 09 52 44 30	13 87 39 54 22	58 41 26 94 12	18 12 68 34 99
77 30 83 27 05	66 19 74 00 67	41 99 88 77 49	08 52 12 54 59	35 01 88 65 48
08 46 60 19 43	24 08 04 76 55	02 53 38 71 32	25 18 12 87 52	49 32 75 25 69
56 24 81 64 85	69 57 27 53 68	48 32 53 31 56	47 95 80 33 88	55 62 57 46 90
44 54 75 32 47	07 87 98 42 94	52 74 88 53 11	41 77 17 16 39	48 34 45 45 15
90 94 80 52 41	89 00 80 94 00	59 22 05 06 15	37 96 43 17 77	24 31 14 12 68
35 16 56 97 76	33 99 89 76 20	02 78 20 96 05	47 16 02 01 51	99 01 38 46 79
90 30 90 10 00	96 68 98 26 47	37 38 19 78 00	82 57 36 87 58	70 04 26 77 68
78 55 63 26 82	94 36 94 23 21	19 70 74 50 85	16 88 45 83 38	31 16 94 02 78
36 13 04 13 17	83 01 12 33 50	55 86 60 26 05	92 74 56 22 20	01 31 40 13 37
14 29 48 94 66	55 26 22 35 47	45 27 86 41 52	91 05 09 92 62	68 72 34 01 73
67 38 47 18 53	48 74 50 27 38	16 01 49 20 95	72 73 91 66 22	16 49 17 18 49
68 06 16 39 01	03 36 11 47 00	75 94 02 37 02	60 16 33 27 08	02 59 35 12 21
97 16 45 98 77	92 10 66 49 88	48 80 61 01 52	23 11 66 20 71	22 50 25 77 17
89 13 53 11 72	45 94 20 67 06	17 14 72 22 99	94 39 92 34 06	13 91 09 38 12
37 30 38 36 19	97 69 10 79 04	38 37 49 25 11	55 70 11 37 68	44 50 75 05 38
97 25 47 26 44	96 90 43 06 36	51 84 31 99 38	22 75 76 21 05	37 37 84 45 32
57 20 86 54 05	91 31 50 68 16	78 95 98 38 51	93 32 08 71 10	00 96 30 06 49
05 37 09 59 45	02 27 72 38 41	59 33 79 12 75	86 75 41 66 87	32 09 51 85 42
67 74 54 32 79	86 76 38 99 04	94 57 70 14 22	17 61 95 14 06	58 29 64 44 98
27 43 13 46 44	70 94 62 46 45	42 20 64 43 95	04 61 30 29 14	07 23 80 70 33
14 37 83 85 85	03 10 79 07 49	09 27 48 60 42	68 78 25 50 06	06 33 10 13 26
40 15 28 30 93	88 71 15 62 61	54 78 29 67 72	30 50 72 71 79	02 21 12 36 62
84 93 78 67 91	02 22 24 10 42	38 12 96 26 56	10 46 24 67 88	91 86 91 82 34
51 10 75 03 73	91 14 21 05 35	45 80 91 77 80	88 79 53 24 14	90 56 96 77 62
88 72 15 23 81	33 51 59 49 34	27 41 08 59 15	52 25 64 24 29	40 42 76 57 01
49 82 19 67 96	88 00 66 04 39	00 65 60 66 28	08 73 52 13 94	34 68 55 07 34
70 03 77 51 92	16 93 11 14 07	81 86 53 07 14	98 84 31 75 18	83 74 67 90 06
01 16 26 38 03	36 03 54 97 18	35 44 21 65 82	44 71 30 17 50	39 50 34 42 50
93 02 23 24 23	44 13 30 00 40	69 04 60 01 66	29 60 44 20 93	14 84 57 92 42
67 05 68 65 11	37 23 04 42 46	31 04 76 79 60	99 34 49 20 95	83 40 39 24 53
07 51 74 53 19	74 04 22 33 30	18 32 49 82 39	36 94 88 92 97	15 38 54 22 95
95 77 13 10 55	78 58 44 86 02	85 53 53 00 28	70 85 76 78 55	99 32 75 37 19
29 80 45 46 43	89 66 79 16 57	29 92 54 78 87	97 43 46 45 04	11 57 29 75 67
54 90 37 35 43	27 60 59 72 14	32 59 53 80 80	35 38 33 31 34	24 32 32 27 89
11 97 42 51 74	65 10 42 50 42	40 91 30 96 51	02 37 71 73 59	90 29 68 48 94
62 40 03 87 10	96 88 22 46 94	35 56 60 94 20	60 73 84 84 98	96 45 18 47 07

索　引

ア

ア
あいまい　94, 98
アーメス・パピルス　96
愛宕神社奉額事件　101
アバクス　10
アフィン変換　46
アラビア民族　96
アリバイ　62
アルキメデスの渦巻　34
アルゴリズム　114

イ
イギリス　68
移項法　114
移項法（方程式）　96
遺産相続　24
位相　55
位相幾何学　55
位相変換　47, 55
遺題　101
1　6
一意対応　28
一次関数　29
位置と方向　13

一定　78
一般角　33
1本もない　50
移動　41
色々なグラフ　69
色々な対応　28
印可免許　101
隠題免許　101
インテグラル　86
$\int f(x)dx$　86
インドの問題　16

ウ
裏　58

エ
鋭角　34
$a:b$　24
$a:b=c:d$　27
絵グラフ　69
江戸時代の数学　100
$S_n = A(1+r)^n$　83
$S_n = A(1+nr)$　83
$x \to a$　84
$n!$　74
$_nC_r$　74
n進法　5

$_nP_r$　74

$f'(x)$　84

$F(b)-F(a), [F(x)]_a^b$　87

エラトステネスの篩　51

L.C.M.　7

L.P.　91

円　37, 54

演繹　59

遠近法　53

円グラフ　67, 69

演算と数の誕生　9

円周率　26

円錐曲線　54

円と直線　37

円に内接　38

円の接線　38

オ

オイラーの定理　56

凹　29

O.R.　90

黄金比　24, 25

黄金分割　26

凹面　34

帯グラフ　67, 69

オペレイションズ・リサーチ　90

折れ線グラフ　67, 69

音楽と比　26

カ

カ

絵画と黄金比　26

階級　68

階級の幅　68

開区間　85

開図形　34

解析幾何学　52

回転移動　41

カオス　94

科学チーム　91

角　34, 35

角の三等分　40

確率雑話　77

確率の加法定理　76

確率の乗法定理　76

確率の誕生　73

確率の定義　74

確率論　73

火災方程式　22

火災保険　80

過剰数　6

数当て（年齢当て）　14

加重平均　70

カタカナ語　90

カタカナ数学　98

カタストロフィー　93

傾き　29

下端　87

割線　37
仮定　58, 59, 60
仮定法　18, 114
加法九九　10
紙テープ　37
神の数　7
カリーニングラード　55
仮平均　70
漢語　90
勘定方　100
関数　28
関数とグラフ　30
関数の極限値の記号　84
関数の差の微分法　85
関数の種類　28
関数の商の微分法　85
関数の積の微分法　85
関数の和の微分法　85
間接証明　61
完全数　6
カントールの同等　65

ガ

外角　35
概算　11
外国起源の数学用語　90
外心　35
概数　11
外接　37
学問の世界　78
学問の分離と協力　78

学校数学　90
画法幾何学　53, 54
ガレー法　11

キ

規矩準縄　13
記号的代数　20
奇数　6
記数法　6
基線　42
期待金額　75
期待値　75
期待値の計算　75
期待値の定義　75
奇点　56
記念算額　99
帰納　59
帰謬　62
詭弁　63
基本図形の体積公式　48
基本図形の面積公式　43
基本性質　21, 59
九去法　12
級数　82
級数の極限　82
求積法　43
球体　48
球と仲間　39
$q \rightarrow p$　58
$\overline{q} \rightarrow \overline{p}$　58
9の特別な性質　12

球面幾何学　50
共通外接線　38
共通内接線　38
協力学　51, 81, 91
協力学の誕生　78
極限値　84
極座標　52
虚根　22
虚数　8
曲面，曲線　34
嫌われる数　8
キリスト教とイスラム教　97
近似値　11, 43
近世の乗法・除法　10

ギ

擬似変換　46
逆　58
逆関数　28
逆関数とグラフ　30
逆行列　89
逆算　11
逆数　89, 102
逆説　63
逆対応　28
仰瞰図　42
行列　88
吟味　60

ク

区間と増減　85
九九　100

クジを引く順　77
口遊　100
区分求積と定積分　87
組合せ　73
雲型定木　40
クラインの壺　57
苦しまぎれの法　61

グ

偶関数と奇関数　30
偶数　6
偶然の数量化　73
偶点　56
グラフ　27
グラフで見抜く　72
グラフの悪用　72
グラフの活用　69
グラフの代表的型　70
群論　21

ケ

経験的確率　74
傾向　71, 73
計算師　11, 97
計算尺　32
計算の基本公式　86
計算の三法則　9
計算の順序　9
継子算法　100
計量法　13
ケーニヒスベルク　55
結合法則　9

結論 58, 59, 60
検算 11
見題免許 101

ゲ

鯨瞰図 42
ゲームの理論 92
ゲーム必勝法 15
ゲルマン系とラテン系 81
原始関数 86
原点に関して対称 30
原論 96
原論の誕生と内容 49

コ

小石，棒，骨遊び 14
公開試合 22
航海術 97
交換法則 9
公差 82
公式 19
後世への影響 49
交代式 20
交通網 57
後天的確率 74
恒等式 21
公倍数 7
公比 83
公約数 7
公理 49, 59
国勢統計学 68
心の確率 77

古代数学と特徴 95
古代数学民族 95
古代の数の表 67
好み 101
小町算 15
暦博士 100
根（解） 22
混沌 94, 98

ゴ

合金 24
合成数 6
合同 ≡ 41
合同条件 41
合同変換 46
互除法 7
五星芒形 54
五星芒形の内角の和 36
五星芒形物語 36
ゴム膜 57

砲弾の数は？（フランス）

索　引　131

サ

サ

サイクロイド　37
最上流　101
最適値　91
最頻値　70
作図の器具　40
作図の公法　40
作戦計画　90
錯角　34
三角関数　28, 33
三角関数のグラフ　33
三角関数の公式　33
三角形　35
三角形の五心　35
三角錐数　6
三角数　6
三角定規　40
三角法（比）の歴史　33
3個のサイコロの目の和　77
算額　101
算木　100
三次元　42
三段論法　59
算博士　100
散布度　70
サンプルと抽出法　80
三平方の定理　51
算法　114

ザ

座標幾何学　52
座標の考え　51
座標平面　51

シ

シェヘラザード数　7
四角形　36
四角数　6
四角錐数　6
式　27
式の種類　19
式の変形　19
死刑囚が無罪に！　66
四元玉鑑　20
私塾　98
指数関数　28, 31
指数法則　20
示性数　56
自然数　6
四則　17
始点　52
視点　53
社会数学　98
社会統計学　68
斜辺　35
射影幾何学　53, 54
射影と切断　53
射影変換　47
捨象法　55
社寺奉額　101

拾芥抄　100
集合論　65
集合と対応　28
修辞的代数　20
収束　82
終点　52
将棋倒し法　60
象限　51
小前提　59
省略記法　10
省略的代数　20
初項　82, 83
初等超越関数　28
四分偏差　70
シラミツブシ法　18, 57
資料の解釈，判断　70
資料の整理　68
信仰算額　101
新公理　50
真数　32
振動　82
親和数　6

ジ

G.C.M.　7
時系列予定表　69
次元　89
時刻・時間　13
事象　74
地震原因の発見　72
実験計画法　79

実験式（近似グラフ）　69
実根　22
実証　57
実数倍　89
邪論　59
十字軍　95
重心　35
従属　76
従属事象　76
十分条件　58
述語　59
定木　40
定規　40
条件付き確率　76
条件不等式　23
上端　87
乗法公式の展開式と因数分解　19
循環小数　83
順思考　18
純粋数学　98
順列　73
塵劫記　17

ス

推計学　78, 80
垂心　35
推測統計学　80
錐体　48
推理　59
推論の土台　59
数学化　54

数学関連の図的表現　45
数学教育現代化運動　49
「数学誕生」源　96
数学的確率　74
数学的帰納法　60
数学の考え　95
数学の土台　96
数詞　5
数式のパラドクス　64
数字と数　5
数字の俳句, 和歌　7
数直線　7
数と図形のコラボレーション　78
数につけられた名　6
数の種類　7
数の表　67
数列 $\{a_n\}$　82
数論　6
好かれる数　8

ズ

図形のパラドクス　64
図形の変換　46
図的表現　45

セ

正 n 角形の内角と外角　37
生活の中の「数の表」　67
整関数　28
正弦　33
正弦曲線, 正弦定理　33
正五角形と黄金比　36

生産品地図　69
整式, 整式と次数　19
性質　32
正十二面体の発見物語　39
清少納言知恵の板　15
正接, 正接曲線　33
正多面体　39
正多面体と双対性　39
聖なる数　7
正の数　102
正の相関関係　71
正方形　36
正方形グラフ　69
整方程式　21
正比例　27
成分　88
生命保険　80
正六角形　37
正論　59
積分学　81
積分する　86
積分の着想　81
積分定数　86
積分法　86
線　34
線形代数　88

ゼ

絶対値　102, 105
絶対不等式　23
零行列　89

索　引　133

ソ

相関関係具体例 71
相関図 71
相関表 71
双曲線 31, 54
相似 ∞ 41
相似条件 41
相似の位置 41
相似比 24
相似比の利用 44, 48
相似変換 46
相対度数 74
側画面 42
速算術 11
側面図 42
測量方 98
素数 6

ゾ

増分 84

（問）この数列は何だっけ？

タ

タ

対偶 58, 62
対偶法 62
対称移動 41
対称式 20
対数 32
対数関数 28, 32
対数についての公式 32
大数の法則 74
体積比 24, 48
対頂角 34
対辺 35
多角形を等積正方形に 44
多項式 19
確からしさ 74
多面体 39
単位円 33
単位元 89
単位体積 48
単位面積 43
単項式 19
誕生史 81
単調増加 85
単利法 83

ダ

第1反数学時代 98
台形 36
大航海時代の計算術 97

第5公理　49
大小のない数　8
大・小の呼び名　6
代数関数　28
代数・幾何の共存民族　96
代数と幾何　96
代数と幾何のコラボレーション　51
代数方程式　21
大前提　59
台体　48
第2反数学時代　98
第八章　方程　22
代表値　70
ダイヤグラム　69
楕円　54
弾道研究　81
断面図　42

チ

値域　31
地図の塗り分け問題　57
中央値　70
虫瞰図　42
中・高校登場の数学者　95
抽出法　77
中心角と円周角　37
中心線　37, 54
中心投影法　53
中世の暗黒時代　98
柱体　48
中点連結定理　35

超越関数　28
超越方程式　21
頂角　35
鳥瞰図　42
彫刻と黄金比　26
長方形　36
直線　34
直接証明　60
直角　34
直角座標　52
直角双曲線　27

ツ

通分　12
通信網　57
ツェノンの逆説　66, 98
徒然草　15

テ

底　32
底角　35
T型定規　40
定義域　31, 32
定積分, 定積分の公式　87
定積分の図形的意味　87
定理　59, 60
手順　114
寺子屋　100
点　34
天下編　66
展開記法　10
展開図　42

転換　62
点光源光線　46
転換法　61

デ

デカルト　52, 54
デジタル　8
デタラメ　78, 98
Δx　84
Δy　84
電光法　10

ト

投影図　42, 54
等角　35
等脚台形　36
統計学　67
統計学の社会的利用　72
統計的確率　74
等根　22
『統計』の誕生と発展　68
等式　21
透視図法　53
等積変形　44
等辺　35
閉じた図形　35
凸　29
特攻機　91
凸面　34

ド

ドイツ　68
同位角　34

同一法　61
導関数　85
導関数の公式　85
同型　89
同心円　37
同値　58, 62
同傍内角　34
独立, 独立事象　76
度数　68
度数分布表　68
度量衡　13
鈍角　34

ナ

内心　35
内接　37
内接四角形　38
内対角　35
内分と外分　26
流れ図　114
7つ橋渡り問題　55
奈良時代の数学　100

ニ

2円の関係　37
2球の関係　39
二項定理・二項分布　20
二次関数　29
二次曲線　54
二次元　42

20世紀誕生の"新数学" 90
20〜30元連立一次方程式・不等式 91
2進法 94
日常生活の中の"語呂" 7
日食と月食 38
日本の○○算 17

ネ
ネズミ講の破綻 65
ネット・ワークの理論 92
ネピア・ロッド 10
粘土 57
年齢当て 14

ノ
農事研究 79
濃度 65
能力心理学 17

1辺が1の正方形の対角線の長さは $\sqrt{2}$ つまり 1.414…… であることは5000年前すでにシュメール民族が知っていた。

ハ

ハ
配線 57
排反事象 76
排反する 76
背理法 62
破局 3
白金比 24,25
発散 82
離れている 37
ハノイの塔 14
破片 3
針金 57
藩校 100
反数 102
反数学の意味，反数学の誕生 97
半直線 34
判別式D 22
繁分数 25
範囲 70
反比例 27
反例 61

バ・パ
場合の数 73
倍加法 10
バランスの問題 92
万里の長城 67
para-dox 63
パート法 93

ヒ

比 24
比較のグラフ 69
ひし形 36
ヒストグラム 68
非素数 6
必要条件 58
一筆描きのルール 56
比の三用法 24
比の値 24
表 27
標準偏差 70
標数 56
標本調査 80
比例式 27
比例定数 27
ひも手品 57
百円はどこへ？ 66
開いた図形 34
非ユークリッド幾何学 49,50
ヒルベルトの客室 65
非論理 58

ビ

微分学 81
微分係数 84
微分する 85
微分の発見 81
微分法 81, 84, 85

ピ

P(E) 74

$p \to q$, $\bar{p} \to \bar{q}$ 58
ピタゴラス 51
ピタゴラス数 7
ピラミッド 67

フ

ファジー 94
フィボナッチ数列 25
俯瞰図 42
不規則 98
複雑図形の体積の求め方 48
複雑図形の面積の求め方 43
伏題免許 101
複比 53
覆面算 14
複利法 83
ふしぎな論理 65
不足数 6
不変な性質 54
フランス三大幾何学者と戦争 54
不定積分 86
不定積分の公式 86
不定方程式 21
不等式 23
不等式と領域 23
不等辺四角形 36
負の数 102
負の相関関係 71
フラクタル 93
不連続 98
フローチャート 12

ブ

分子，分母　12
文章題　16
文章題と具象図・情景図　17
文章題と読解力　18
文章題の解法　18
分数　12
分数関数　28, 31
分配法則　9

ヘ

平安・鎌倉時代の数学　100
平角　34
平画面　42
平均変化率　84
平均偏差　70
平均値（期待値）　75
閉区間　85
平行移動　41
平行四辺形　36
平行四辺形の定義と性質　36
平行線　53
平行線の公理　50
閉図形　34
平面　34
平面図　42
ヘロンの公式　33
辺　35
変化率　84
変化のグラフ　69
変換　46

ベ

ベクトル　52, 88
別伝免許　101
ベルトラミの擬球　50
ベルヌーイの永遠の曲線　34
ベン図　9, 35, 36

ホ

方眼　43
方程式　21
方程式と作図　40
方程式の解の公式　21
方程式の種類　21
放物線　29, 54
補角　38
保険学　80
four four's, four nine's　15

ボ

傍心　35
棒グラフ　69
棒定規　40
母集団と標本　80
母線　54
ボヤイ　50

ポ

ポンスレ　54

中国の算盤（天二地五）

マ

マ
待ち行列　92
窓口の理論　92
魔方陣　14
『魔方陣』からの発想　78
継子立　15

ミ
見取図　42
民族と数字　5

ム
無限　65
∞　65
無限遠直線　53
無限遠点　53
無限数列　82
無限の問題　82
無限等差数列とその和　82
無限等比数列とその和　83
無限等比数列の応用　83
無作為抽出　79
虫食算　14
無数にある　50
無定義用語　59
無理関数　28, 31
無理方程式　21
室町時代の数学　100

メ
命数法　6
命題　58, 60
メートル法　13
メービウスの帯　57
面　34
面積　33, 43
面積の総和　81
面積比　24, 44

モ
文字式の記号　19
モンジュ　54
問題の解決法　55
モンテカルロ法　77

ヤ

ヤ
約分　12

ユ
ユークリッド幾何学　49
ユークリッド幾何学とトポロジー　57
有向線分　52
友数　6
Uボート　90
有理関数　28
有理方程式　21
遊歴算家　100
ゆさぶり　98
弓形と扇形　37

ヨ
洋算　101
余角　38

余弦 33
余弦曲線 33
余弦定理 33
鎧戸法 10
世論調査 79
45° 34

ラ

ラジアン 37
ラテン方格 79
乱数 77

リ

利巧な鳥 79
立画面 42
立面図 42
リーマン 50
$\lim_{x \to a} f(x) = \alpha$ 84
流派・免許制 99
旅客機墜落の解明 47
理論的確率 74

ル

類推 59
ルドルフの数 7

レ

連比 24
連分数 25
連立不等式 23
連立方程式 21

ロ

ロバチェフスキー 50
論理 58, 96

ワ

和・差・積・商が一定 29
y 軸に関して対称 30
$y=ax$ 27
$y=x$ に関して対称 30
和算家の生活 100
和算書 100
和算発展の三大特徴 101
割合のグラフ 69

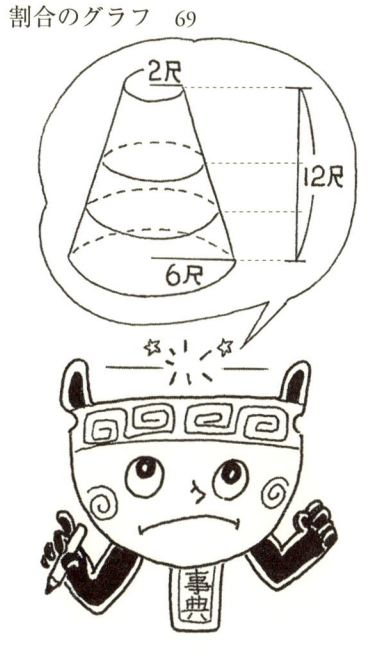

（問）3つの円錐台の体積比は？
——江戸時代の問題——

『数学』を『万手学(まてがく)』に改称する提案

　数学を教え，語り，書き続けて60余年。実に多くの数学嫌いに会い，"『数学』とは，数字の学科，計算"と答える生徒，学生，社会人に接してきた。筆者は自分が生徒・学生時代から『数学』の語が実態にふさわしくないことから違和感を持ち続けてきたので，上記の人達に密かに共感，同情した思いがある。そうしたことから，"日本はいつからこの語を使うようになったのか"を調べることにしたのである。

1　『数学』の語の成立とその後

(1)　中国での誕生と扱い

　そもそも『数』の文字が公の記録に残されたのは，『周礼(しゅらい)』の"六芸"〔礼(礼儀)，**御**(駕車)，**楽**(音楽)，**書**(書写)，**射**(弓射)，**数**(計算)〕で，紀元前11世紀のこと，数が九数〔算数(実用)と数学(学問)〕になっていく。

　周王朝は早くから役人や国子(上級官僚の子)などの教育用として六芸を設けた。『数』はその後，
　　九数（B.C.2世紀）
　　→九章算術（A.D.1世紀）
　　→数書九章（13世紀）
　　→九章算法比類大全（15世紀）
　　→算法統宗（16世紀）
　　→塵劫記（日本17世紀）

と，時代を追って充実，発展していったが，主内容は，後述する『九章算術』にあるように，実用計算中心が伝統となってきた。

　唐代（7～10世紀）に有名な"算経十書"がまとめられて後世の基礎固めができたが，十書の性格，種類は
　　○天文・時刻関係，測量用知識の専門書
　　○下級役人用，庶民などの教育用の百科全書
などであり，それまでに用いられた用語は，
　　算経，算術，算法，算学，数書，数術
というもので，"数"に傾いていることが見られる。

　前漢時代の副葬品の中に『算数書』の竹簡があり，"算数"の用語は実に古い。ただ，前漢以後，算数は見られず，数学も用いられてはいない。後漢になると芸や術に昇格している。

　"算"の古字は"筭"で，計算に「竹を弄(もてあそ)ぶ」から生まれた文字。古代中国では永く竹の棒（筮(ぜい)など）を計算に使用していたことが想像される。

　その一方，図形方面は内容に乏しく，『規矩準縄』による測量，計算が主の

『数学』を『万手学』に改称する提案　143

ようであった。『諸子百家』系の論理は，数学とは別物になっている。

(2) 江戸時代の数学

17世紀，江戸時代以前は，中国直接や朝鮮経由で，中国数学が輸入されていたが，江戸時代の約300年間は，"日本独自の数学"（後に洋算に対して和算が発達した。

代表的図書名とその著者は下のようであるが，彼等の著書に『数学』の語はない。

1622	割算書	毛利重能
1627	塵劫記	吉田光由
1638	竪亥録	今村知商
1661	算法闕疑抄	磯村吉徳
1663	算俎	松村茂清
1671	古今算法記	沢口一之
1673	算法勿憚改	村瀬義益
1674	発微算法	関　孝和
1722	綴術算経	建部賢弘
1747	點竄探矩法	有馬頼徸
1794	円柱穿空円術	安島直円

2　『万手学』の語の創案

(1) 古代ギリシアの『マテマタ』

現代数学は，西欧数学の流れ上にあり，さらにさかのぼると古代ギリシアの数学になる。

$\mu\alpha\theta\eta\mu\alpha\tau\alpha$（マテマタ；諸学問）
　　⇒Mathematics—現代の英語—

この民族は上のように"諸学問"（学問の基礎）と位置付け，決して"数の学"ということはなかった。

『論理』を重視し，数や図形はそれを学ぶための材料だったのである。

いまここでその代表であり，300年間の集約とされる『原論』（$\sigma\tau o\iota\chi\epsilon\iota\alpha$, 通称ユークリッド幾何学）と中国の代表『九章算術』との内容を比較してみよう。前者は図形（論理）主体なのに対し，後者は数計算（実用）が主力になっている。「東西名著の対比」となる。

『原論』(B.C. 3 C)	『九章算術』(A.D. 1 C)
1　三角形の合同，平行四辺形など	1　方田（面積計算）
2　幾何学的代数	2　粟粒（単位）
3　円論	3　衰分（比，比例）
4　内接・外接多角形	4　少広（逆算，開平）
5　比例論	5　商功（立体，土木）
6　相似形論	6　均輸（輸送，税）
7～9　整数論	7　盈不足（過不足算）
10　無理数論	8　方程（連立一次方程式）
11　立体幾何	9　句股（三平方の定理）
12　体積論	
13　正多面体論	

(2) 江戸末期の先人塾

『数学』の語に永く疑問をもち不満がくすぶっていた筆者に"朗報"といえる物語が目に入った。

江戸末期に，幕府から『蛮社の獄』（1839年）で獄に投じられた高野長英，渡辺崋山などと，西洋学問の研究をし

ていた新進気鋭の若者の中に，和算家内田恭がいた。彼は詳証（マナシス）館主と称し，街に『瑪得瑪弟加（マテマティカ）塾』を開塾した上，著書『豁機（クワツキ）算法』（1837年）があり，塾では洋算を教えていたという。彼こそ私の先人で塾名に感動。

おそらく輸入洋書mathematicaを日本語に当てたものと思われるが，170年も前に私と同じ考えの学者がいたことに大いに自信が与えられた。

私は『万手学』と名称を提案している。これには"万の手法をもつ学問"の意味が込められているが，果たしてどれほどの人が賛同してくれるか。

絵画，音楽などの世界同様，市民権を得るのに30年かかるか？

(3) 最先端のカタカナ数学

「万手学」提案の意味を理解していただくため，最後の一押しをしたい。

明治初期に学制で算術，数学の語が用いられた頃の『数学』の内容は次のようなものであった。

　代数，幾何，三角法，未成熟の関数，
　統計，確率

しかし，19，20世紀の数学界の発展は目覚しく，"数の学"という範囲をはるかに超えたもの，加えて20世紀誕生のコンピュータによって次々と新数学が創案されただけでなく，"万の手法"があらゆる学問に役立っていて，古代ギリシア同様"諸学問の基礎"となりつつある。もはや『数学』の語が陳腐なものになっていることは，

- オペレイションズ・リサーチ（最適値）
- カタストロフィー（破局，不連続）
- フラクタル（破片，不規則）
- カオス（混沌）
- ファジー（あいまい）
- ニューロ・コンピュータ

等々，カタカナ数学の名称から明らかであろう。

かつて初期は，コンピュータ＝高速計算機，携帯電話＝電話など，やがて能力向上で名称が不都合になったように，『数学』の語もいまや内容を示したものになっていない。

本論は「会員の声」欄でページに限りもあり，意も資料も十分に尽くせなかったが，進取の気性の者が後を継いでくれることを期待している。

〔参考〕
- 数検財団発行の会誌名が『Math Math』
- NHK教育テレビの中学生向けアニメ番組では『マティマティカ』題名の放送
- 民放フジテレビ「熱血！平成教育学院」の中ではタレントの北野たけしが登場し，"マス北野"の名で数学問題を提出している―日本数学会では賞を出す―
- その他，「マテ」「マス」の使用語がふえてきた。

あ と が き

　『事(辞)典』では，一般の学習書，参考書，あるいは 読み物 などと異なり，言葉，文章などの表現を「より正確，厳密に使用」する必要がある。

　そのため本書では，出版社の編集部や外注のチェックのほか，長く，高校で教師をされ，著書ももたれ，現在，埼玉県立浦和高校教諭（兼埼玉大学講師）で御活躍の仙田章雄氏に，通読，検討をお願いした。

　学年末の多忙時に見ていただいたことに感謝している。

　また，いつもながらベテランの武馬久仁裕社長からの資料提供や助言などの協力をいただき，ありがたく思っている。

　末筆ながら，両氏にお礼の一筆を記したい。

NHK「ラジオ深夜便」
収録中の著者

　さて，前ページに，突如『事(辞)典』に関係ないと思われる論説を掲載したが，これは筆者が『数学』の語に長年 不満，疑問をもち続けた研究の成果を日本数学教育学会の会誌『数学教育』2009年9月号に発表したものである。

　現在，"日本で用いる『数学』の語"について本論では**"用語面"**からの追求なので決して本書と無関係ではない。

　この論説に共感する学者，教師も多く，筆者は近く『万手学』（旧名数学）の本を完成する予定であることを予告しておきたい。

2010年1月23日　　　　　　　　　　　　　　　　　　　　著　者

著者紹介

仲田紀夫

1925年東京に生まれる。
東京高等師範学校数学科，東京教育大学教育学科卒業。(いずれも現在筑波大学)
（元）東京大学教育学部附属中学・高校教諭，東京大学・筑波大学・電気通信大学各講師。
（前）埼玉大学教育学部教授，埼玉大学附属中学校校長。
（現）『社会数学』学者，数学旅行作家として活躍。「日本数学教育学会」名誉会員。
旅行記を「日本数学教育学会」会誌(11年間)，学研「会報」，JTB広報誌などに連載。

NHK教育テレビ「中学生の数学」(25年間)，NHK総合テレビ「どんなモンダイQてれび」(1年半)，「ひるのプレゼント」(1週間)，文化放送ラジオ「数学ジョッキー」(半年間)，NHK『ラジオ談話室』(5日間)，『ラジオ深夜便』「こころの時代」(2回)などに出演。1988年中国・北京で講演，2005年ギリシア・アテネの私立中学校（モライティス・スクール）で授業する。2007年テレビBSジャパン『藤原紀香，インドへ』で共演。

主な著書：『おもしろい確率』(日本実業出版社)，『人間社会と数学』Ⅰ・Ⅱ(法政大学出版局)，正・続『数学物語』(NHK出版)，『数学トリック』『無限の不思議』『マンガおはなし数学史』『算数パズル「出しっこ問題」』(講談社)，『ひらめきパズル』上・下『数学ロマン紀行』1～3（日科技連），『数学のドレミファ』1～10『世界数学遺産ミステリー』1～5『パズルで学ぶ21世紀の常識数学』1～3『授業で教えて欲しかった数学』1～5『若い先生に伝える仲田紀夫の算数・数学授業術』『クルーズで数学しよう』『道志洋博士の世界数学クイズ＆パズル＆パラドクス』『道志洋博士の世界数学7つの謎』『道志洋博士の数学快楽パズル』『道志洋博士の数学再学習への近道』(以上30余冊，黎明書房)，『数学ルーツ探訪シリーズ』全8巻（東宛社），『頭がやわらかくなる数学歳時記』『読むだけで頭がよくなる数のパズル』(三笠書房)他。
上記の内，40冊余が韓国，中国，台湾，香港，フランス，タイなどで翻訳。

趣味は剣道(7段)，弓道(2段)，草月流華道(1級師範)，尺八道(都山流・明暗流)，墨絵。

"疑問"に即座に答える算数・数学学習小事(辞)典

2010年3月25日　初版発行
2010年7月15日　2刷発行

著　者　仲田紀夫
発行者　武馬久仁裕
印　刷　大阪書籍印刷株式会社
製　本　大阪書籍印刷株式会社

発　行　所　株式会社　黎明書房

〒460-0002 名古屋市中区丸の内3-6-27 EBSビル ☎052-962-3045
　　　　　　FAX052-951-9065　振替・00880-1-59001
〒101-0051 東京連絡所・千代田区神田神保町1-32-2
　　　　　　南部ビル302号　☎03-3268-3470

落丁本・乱丁本はお取替します。　ISBN978-4-654-01838-3
　　　　　ⒸN. Nakada 2010, Printed in Japan

仲田紀夫セレクション

仲田紀夫著
授業で教えて欲しかった数学（全5巻）
学校で習わなかった面白くて役立つ数学を満載！

A5・168頁　1800円
① 恥ずかしくて聞けない数学64の疑問
疑問の64（無視）は，後悔のもと！　(−)×(−)が，ナゼ(+)になる？　日ごろ不思議に思いながら聞けないでいる数学上の疑問に道志洋（どうしよう）数学博士が明快に答える。

A5・168頁　1800円
② パズルで磨く数学センス65の底力
65（無意）味な勉強は，もうやめよう！　天気予報，降水確率，選挙の出口調査，誤差，一筆描きなどを例に数学センスの働かせ方を楽しく語る65話。

A5・172頁　1800円
③ 思わず教えたくなる数学66の神秘
66(ムム)！ おぬし数学ができるな！　「8が抜けたら一色になる12345679×9」「定木，コンパスで一次，二次方程式を解く」など，神秘に満ちた数学の世界に案内。

A5・168頁　1800円
④ 意外に役立つ数学67の発見
もう「学ぶ67（ムナ）しさ」がなくなる！　数学を日常生活，社会生活に役立たせるための着眼点を，道志洋数学博士が伝授。意外に役立つ図形と証明の話／他

A5・167頁　1800円
⑤ 本当は学校で学びたかった数学68の発想
68ミ（無闇）にあわてずジックリ思索！　道志洋数学博士が，学校では学ぶことのない"柔軟な発想"の養成法を，数々の数学的な突飛な例を通して語る68話。

仲田紀夫著　　　　　　　　　　　　　　A5・159頁　1800円
若い先生に伝える仲田紀夫の算数・数学授業術
60年間の"良い授業"追求史　メイ（名・銘・迷…）授業，珍教材の数々を楽しく紹介しつつ，授業術の21の極意を語る。一流教師をめざそうとする方，必読。

表示価格は本体価格です。別途消費税がかかります。

仲田紀夫セレクション

仲田紀夫著
世界数学遺産ミステリー（全5巻）
数学探検家，三須照利(ミステリー)教授，装いも新たに颯爽登場！
＊「数学ミステリー」シリーズ改題。

A5・180頁　2000円
① マヤ・アステカ・インカ文化数学ミステリー
生贄と暦と記数法の謎　暦と天文観測，20進法と0，ピラミッドやナスカの地上絵などを，現地に立って数学者の視点から解き明かす。『不思議の国の数学』改題。

A5・180頁　2000円
② イギリス・フランス数学ミステリー
円と直線の蜜月，古城の満月　ミステリー・サークルやストーン・ヘンジ，数々の古城など，英仏各地の数学ミステリーを探訪。『答のない問題』改題。

A5・183頁　2000円
③ 中国四千年数学ミステリー
パラドクスとファジィ　中国古代の春秋戦国時代や三国時代に誕生し，発展した論理や詭弁，戦略や戦術などを三須照利(ミステリー)教授が探る。『白馬は馬ならず』改題。

A5・183頁　2000円
④ メルヘン街道数学ミステリー
帯と壺と橋とトポロジー　「メルヘン街道」からケーニヒスベルク，サンクト・ペテルブルクと，数学街道をたどるトポロジーへの旅。『裏・表のない紙』改題。

A5・182頁　2000円
⑤ 神が創った"数学"ミステリー
宗教と数学と　黄金比で建てられた神殿，サイクロイド（最速降下曲線）でできた寺の屋根……。数学を学ぶと神や宗教が見えてくる。『神が創った"数学"』改題。

仲田紀夫著　　　　　　　　　　　　　　　　　　A5・148頁　1800円
クルーズで数学しよう
港々に数楽あり　豪華クルーズ船でエーゲ海，西地中海，バルト海，アメリカ西海岸，日本海などの40の港を巡り，港々にまつわる楽しい数学の話を紹介。

表示価格は本体価格です。別途消費税がかかります。